LES
LEVERS PHOTOGRAPHIQUES

ET LA

PHOTOGRAPHIE EN VOYAGE.

LES
LEVERS PHOTOGRAPHIQUES

ET LA

PHOTOGRAPHIE EN VOYAGE.

PREMIÈRE PARTIE

APPLICATION DE LA PHOTOGRAPHIE AUX LEVERS DE MONUMENTS ET A LA TOPOGRAPHIE.

NOUVELLES MÉTHODES PHOTOGRAPHIQUES DE LEVERS DES MONUMENTS.
TRANSFORMATION DES IMAGES PERSPECTIVES EN IMAGES GÉOMÉTRIQUES.
TOPOGRAPHIE ET NIVELLEMENT.
TRIANGULATION PHOTOGRAPHIQUE ET CONSTRUCTION DES CARTES.

Par le Dʳ GUSTAVE LE BON

Chargé par le ministère de l'instruction publique d'une mission archéologique
dans l'Inde,
Officier de la Légion d'honneur, etc.

PARIS,

GAUTHIER-VILLARS ET FILS, IMPRIMEURS-LIBRAIRES

ÉDITEURS DE LA BIBLIOTHÈQUE PHOTOGRAPHIQUE

Quai des Grands-Augustins, 55.

1889

LES
LEVERS PHOTOGRAPHIQUES

ET LA

PHOTOGRAPHIE EN VOYAGE.

PREMIÈRE PARTIE

APPLICATION DE LA PHOTOGRAPHIE AUX LEVERS DE MONUMENTS ET A LA TOPOGRAPHIE.

INTRODUCTION.

Cet Ouvrage a pour but de faire connaître des méthodes nouvelles permettant d'obtenir avec rapidité, avec précision et sans connaissances spéciales des résultats mathématiques qui n'avaient pu être obtenus jusqu'ici que par des opérations laborieuses et de longs calculs.

D'une façon mécanique et instantanée, sans presque rien changer aux appareils photographiques ordinaires, sans travail supplémentaire sur le terrain, un ingénieur, un architecte, un officier et même un simple amateur pourra désormais prendre toutes les mesures relatives à des monuments, à des travaux d'art, à des fortifications, transformer en images géométriques les images photographiques déformées par la perspective et acquérir ainsi des notions fort utiles dans une foule de circonstances, notamment pour les missions scientifiques, les explorations et les expéditions militaires.

Ces méthodes nouvelles reposent en partie sur l'enregistrement automatique par la Photographie des mesures confiées autrefois à l'observateur et sur l'application de lois mathématiques permettant de déduire des formes apparentes d'un objet vu en perspective ses formes géométriques réelles. Pour les cas où les circonstances ne permettent pas l'emploi de la Photographie, nous avons imaginé des instruments presque microscopiques permettant, sans calculs compliqués, les mêmes mensurations que l'appareil photographique. C'est ainsi, par exemple, qu'avec notre télestéréomètre, instrument dont les dimensions ne dépassent pas celles du doigt, on peut mesurer les angles avec plus de précision qu'avec un graphomètre ordinaire, et lever le plan d'une forteresse ou d'un édifice sans provoquer la moindre attention.

Ce sont les nécessités de mes voyages et des missions scientifiques dont j'ai été chargé qui m'ont conduit à imaginer les méthodes et les instruments que je fais connaître aujourd'hui. En raison de leur nouveauté, je dirai d'abord quelques mots de leur utilité et de la façon dont j'ai été conduit à les imaginer.

La Photographie a considérablement facilité, depuis vingt ans, l'étude des monuments. Aux dessins plus ou moins fantaisistes et toujours personnels des artistes, elle a substitué des reproductions exactes, et l'on peut aisément comprendre l'influence qu'elle a exercée, en comparant d'anciens dessins de monuments faits par des artistes exercés avec les gravures de ces mêmes monuments exécutées d'après des photographies (¹).

(¹) C'est surtout pour les monuments orientaux chargés de détails qu'il y a, entre le dessin artistique et la reproduction photographique, un véritable abîme. En comparant, par exemple, les dessins de divers monuments de l'Inde, qui figurent dans l'ancien Ouvrage de Langlès, avec des photographies de ces mêmes monuments, il m'an-

Il s'en faut beaucoup pourtant que la Photographie ait
fourni à l'étude des monuments toutes les applications dont
elle est susceptible. Elle en est restée aux reproductions
pittoresques, et, en présence de l'insuffisance des résultats
qu'elle fournit souvent, bien des savants emploient encore les
vieilles méthodes classiques, dans lesquelles les monuments
sont remplacés par des plans géométriques, et leurs vues d'ensemble par des dissertations. C'est ainsi que les vingt-trois Volumes de l'*Archæological Survey of India*, publiés au prix de
vingt ans d'efforts et de dépenses énormes par le Gouvernement anglais, ne nous donnent pas, dans les nombreux plans
qu'ils contiennent, de planches qui puissent nous offrir une
image suffisante d'un monument quelconque. L'idée qu'on
peut concevoir d'un monument dont on se borne à donner la
section horizontale, est à peu près celle qu'on pourrait se
faire d'une église gothique dont il ne resterait que les fon-
dations. Trois cents pages de dissertations ajoutées au plan
géométrique ne rendront guère plus claire l'idée que ce plan
peut donner du monument. C'est sans doute pour cette raison
que de tels Ouvrages n'ont généralement d'autres lecteurs
que leurs auteurs. Il n'y a pas de dissertation, si savante
qu'on la suppose, qui puisse remplacer le monument lui-
même, ou, à défaut du monument, sa représentation fidèle.

------

rait été souvent bien difficile, sans le texte, de réussir à les identifier.
Quand il s'agit de reproductions de figures, l'abîme dont je parlais
plus haut est vraiment immense. On s'en convaincra aisément en
comparant certains bas-reliefs reproduits par des dessinateurs avec
les photographies des mêmes bas-reliefs. C'est à se demander si
l'artiste, au lieu de voir les choses comme elles sont, ne les voit
pas d'après un type particulier fixé dans sa tête et surtout dans
sa main par son éducation classique. Le graveur lui-même altère
inconsciemment les photographies reportées sur bois. J'en suis
arrivé à faire presque exclusivement usage de la photogravure pour
mes Ouvrages sur l'Orient, tels que la *Civilisation des Arabes*, la
Civilisation de l'Inde, etc., bien qu'elle soit très inférieure comme
aspect à la gravure sur bois.

Mais, entre ces deux extrêmes, d'une part le plan géométrique de l'architecte, de l'autre la vue photographique pittoresque, sans détails, sans éléments permettant de connaître
les dimensions de l'objet représenté, n'y aurait-il pas un
moyen terme? Ne serait-il pas possible, par exemple, d'obtenir des photographies ayant la précision des documents
d'un architecte, tout en conservant au besoin le côté pittoresque? Sans rien changer aux appareils ordinaires, ne
pourrait-on obtenir, en un mot, des photographies de monuments sur lesquelles on pût faire ensuite exactement les
mêmes études et mensurations que sur les monuments eux-
mêmes? C'est ce que je me suis demandé bien souvent dans
mes voyages en Orient, lorsqu'il m'arrivait de me trouver en
présence de monuments chargés de détails d'ornementation,
de dessins ou d'inscriptions, tels, par exemple, que la mosquée
d'Omar à Jérusalem, celle de Kaït-Bey au Caire, la cathédrale de Saint-Basile à Moscou, les temples de Karnak et
de Louqsor, à Thèbes, etc. Je me disais alors que ce n'était
pas sur place, alors que la capacité d'attention dont un voyageur peut disposer est limitée, et que son temps est plus limité
encore, qu'une étude approfondie de telles œuvres était possible. Il me paraissait évident que le seul moyen de les étudier
d'une façon convenable serait de les emporter dans ses ba-
gages, afin de pouvoir les examiner chez soi à son aise au
retour.

Pour réaliser un tel rêve, la lampe d'Aladin semblait nécessaire. Sans doute, la Photographie paraît bien, au premier
abord, fournir les moyens d'atteindre le but cherché, mais il
suffit d'examiner attentivement les photographies de monuments qu'on trouve dans le commerce, pour constater bien
vite qu'elles sont beaucoup trop sommaires pour pouvoir
remplacer les monuments eux-mêmes. Non seulement les
détails y sont tellement réduits qu'il est impossible de les
étudier sérieusement, mais, de plus, ces photographies ne nous
fournissent aucun moyen de connaître les dimensions des

diverses parties de l'édifice photographié. Du reste, les déformations dues à la perspective et à l'inclinaison habituelle de l'appareil altèrent les formes, au point que toute mensuration, fondée sur l'étude de telles images, est à peu près impossible.

Lorsque je commençai à préparer l'exploration archéologique des monuments de l'Inde, dont j'avais été chargé par le Gouvernement français, les mêmes questions se posèrent à mon esprit d'une façon plus pressante encore. Je savais que le nombre des monuments à étudier dans l'Inde serait considérable, et que le temps consacré à leur étude ne pourrait guère dépasser six à sept mois, en raison de la saison des pluies et de celle de l'extrême chaleur.

Évidemment, la Photographie seule pouvait fournir la base d'un moyen d'étude suffisamment rapide; mais, pour arriver au but fondamental que je me proposais : obtenir des images sur lesquelles on pût faire les mêmes investigations et mensurations que sur les monuments eux-mêmes, il fallait combiner la Photographie avec certains procédés géométriques, susceptibles de permettre de transformer au besoin les images déformées par la perspective en images géométriques.

Les seules recherches faites dans cette voie étaient celles, déjà vieilles de trente ans, dues au colonel Laussedat. Excellente pour des levers de plans de terrains, ainsi que j'aurai occasion de l'indiquer dans cet Ouvrage, sa méthode ne saurait être d'aucune utilité pour les monuments. Elle exige en effet qu'on prenne plusieurs photographies du même monument, des extrémités d'une base parfaitement mesurée. En outre, ces photographies ne servent que comme points de repère pour dessiner par intersections l'objet représenté. Reproduire géométriquement par ce procédé la façade d'un monument un peu chargé de détails demanderait bien à un dessinateur un bon mois de travail. Les auteurs allemands qui ont proposé d'appliquer cette méthode à l'étude des monuments — en oubliant, bien entendu, de citer le nom de l'inventeur français de ce qu'ils ont appelé la Photogrammétrie — ont été les premiers à y renoncer lorsqu'ils ont eu à l'appliquer en voyage. On les excuse parfaitement en voyant que, dans une des deux ou trois applications qu'ils en ont faites, le lever du plan d'une mosquée rectangulaire a demandé quarante-cinq photographies prises de vingt-cinq points différents. Pour être transformées en plans géométriques, ces photographies ont demandé ensuite au retour un travail considérable. Ce n'est pas évidemment à de tels procédés, bien inférieurs assurément aux vieilles méthodes classiques, que je pouvais avoir recours.

Mes premières recherches m'ayant conduit à des résultats que je croyais utiles aux voyageurs, je publiai dans la *Revue scientifique*, au retour de mon expédition dans l'Inde, un exposé très sommaire, dégagé de toute théorie, des procédés et instruments dont j'avais fait usage, me réservant d'étudier plus tard les points qui me paraissaient, d'après l'expérience acquise pendant ce voyage, devoir être modifiés et perfectionnés.

La réimpression de ce travail ayant été demandée, je songeai à le développer et à le perfectionner. C'était mettre fatalement le doigt dans cet engrenage que connaissent bien toutes les personnes adonnées à des recherches scientifiques. Ce que je croyais demander seulement quelques jours de travail exigea une année. Un Mémoire fort sommaire devint un Traité sur un sujet entièrement neuf. Les Ouvrages classiques de Photographie ou de levers des plans ne disant pas un mot de la question qui m'occupait, n'ont pu m'être d'aucune utilité.

Ce sont uniquement les résultats de mes recherches personnelles que j'offre ici au lecteur.

Toutes les démonstrations contenues dans ce travail paraîtront fort simples, je l'espère, aux ingénieurs, aux architectes, aux savants chargés de missions scientifiques pour lesquels elles sont écrites; elles paraîtront un peu moins simples, peut-être, aux photographes de profession. J'engage ces derniers à lire uniquement le premier Chapitre de cet Ouvrage, écrit spécialement pour eux, et qui résume, sans théorie ni calcul, tout ce qu'ils ont besoin de connaitre. Avec une heure d'étude, et la dépense insignifiante obligée pour faire subir à leurs appareils les transformations nécessaires, ils auront les moyens d'obtenir des photographies qui, tout en n'ayant absolument rien perdu de leur valeur artistique, contiendront les éléments suffisants pour qu'une personne un peu exercée puisse les considérer *comme le monument lui-même*. Au lieu d'être de simples documents pittoresques, leurs photographies seront des documents scientifiques d'une haute valeur.

Quant aux personnes qui voudront bien ne pas se laisser rebuter par quelques démonstrations élémentaires et me suivre dans mon étude, elles verront bientôt que l'appareil photographique est le plus simple et le meilleur des instruments de Topographie pour mesurer les angles et les distances, faire de la planimétrie et du nivellement. En étudiant les *propriétés des lentilles photographiques*, elles verront bien vite que le photographe a entre les mains une sorte de baguette magique qui lui permet de rapprocher ou éloigner à volonté les objets, ralentir ou accélérer la vitesse des corps en mouvement, *etc.*

J'ai divisé ce Mémoire en deux Volumes. Le premier est consacré exclusivement aux applications immédiates de la Photographie, à l'étude des monuments. Il indique à l'opérateur toutes les ressources qu'il peut tirer de la connaissance approfondie des propriétés des objectifs et des principes de la perspective. Dans le second Volume, j'ai décrit, pour les personnes qui désireraient pousser plus loin la connaissance des monuments, les opérations très simples, — avec les nouveaux instruments que j'indique, — permettant de compléter en voyage l'étude des parties d'édifices qu'on ne juge pas utile de photographier. J'y ai montré en même temps les moyens de lever rapidement des itinéraires permettant de rattacher à des localités connues des ruines situées dans des pays peu explorés. J'ai terminé en consacrant deux Chapitres, l'un à la Technique photographique, l'autre à l'étude de la Photographie instantanée. Ces deux Chapitres sont à peu près les seuls traitant de sujets déjà abordés dans les Ouvrages de Photographie. Je crois cependant qu'ils ne feront pas double emploi.

Le jour où je verrai généralement appliquées les méthodes expliquées dans cet Ouvrage, j'estimerai avoir rendu un certain service aux voyageurs et à la Science, et me considérerai comme largement récompensé des recherches pénibles qu'il m'a demandées (¹).

(¹) Je ne veux pas terminer cette Introduction sans remercier infiniment mon savant ami, M. Ch. Lallemand, ingénieur au corps des Mines, secrétaire de la Commission du nivellement de la France, du concours précieux qu'il m'a souvent prêté pendant la rédaction de ce Mémoire. Ses grandes connaissances en Mathématiques et son esprit ingénieux sont venus plus d'une fois à mon aide pour la solution des nombreux problèmes que contient cet Ouvrage. Mon but constant était toujours de trouver pour chaque problème des solutions simples. Les personnes habituées à ce genre de recherches peuvent seules savoir combien sont difficiles ces solutions simples, et par combien de solutions compliquées il faut d'abord passer avant d'y parvenir.

CHAPITRE I.

RÉSUMÉ DE LA MÉTHODE A EMPLOYER POUR OBTENIR DES PHOTOGRAPHIES PERMETTANT LES MÊMES ÉTUDES QUE LE MONUMENT LUI-MÊME.

1. *Modifications à faire subir aux chambres noires.* — Calotte sphérique à double écrou et niveau sphérique permettant de mettre immédiatement une chambre noire de niveau. — Division de la glace dépolie. — Graduation de la planchette porte-objectif et des parois latérales de la chambre. — 2. *Conditions que doivent réaliser les images photographiques pour pouvoir permettre les mêmes études et mensurations que sur le monument lui-même* — Moyen d'obtenir par la Photographie des réductions géométriques. — — Reproduction d'objets à plusieurs plans. — Emploi du mètre pour l'enregistrement automatique des mensurations. — Degré de précision obtenu. — Impossibilité des erreurs. — Résumé des règles à suivre pour les reproductions des monuments.

1. — Modifications à faire subir aux chambres noires.

Le but de ce Chapitre est de résumer les règles à suivre pour obtenir des photographies permettant les études et les mensurations impraticables sur de simples photographies pittoresques. Les personnes qui voudraient, au prix d'un travail très faible, transformer leurs photographies artistiques en véritables documents scientifiques, devront suivre très fidèlement les indications contenues dans ce Chapitre.

Je commencerai par la description des légères modifications à faire subir aux chambres noires. Pour n'avoir pas à y revenir ailleurs, j'indiquerai immédiatement toutes celles dont il pourra être question dans le cours de ce travail!.

Toutes les chambres noires munies de bons objectifs sont aptes à reproduire les monuments avec un degré de précision suffisant pour les calculs, à la simple condition qu'on leur fera subir les trois additions que je vais indiquer et qui, je l'espère, deviendront bientôt classiques. Elles rendent en effet le maniement des appareils très facile, et sont fort utiles même pour les personnes ne se proposant aucun but scientifique.

La première de ces modifications consiste à ajouter à la chambre noire ce qui est nécessaire pour pouvoir la rendre parfaitement horizontale. Cette horizontalité peut, à la rigueur, s'obtenir approximativement en traçant au crayon des lignes verticales et horizontales parallèles sur la glace dépolie, et amenant une des lignes verticales du monument à être parallèle à une ligne verticale quelconque de la glace dépolie; mais ce moyen, que j'ai d'abord employé, exige une grande expérience, puisque tous les mouvements de la chambre noire ne peuvent être obtenus qu'en écartant plus ou moins les branches du pied. Je n'y ai du reste eu recours que par suite de l'imperfection des chambres noires du commerce et de l'insuffisance des niveaux cylindriques en croix qu'on y voit figurer. Il y a bien vingt ans que les constructeurs mettent ces derniers sur les appareils de Photographie, et il est vraiment curieux que pendant une si longue période personne n'ait constaté que cette adjonction est radicalement inutile, attendu qu'avec les pieds actuels, l'opérateur le plus exercé ne saurait réussir, alors même qu'il y dépenserait deux heures de travail, à mettre une chambre noire horizontale.

Les niveaux en croix placés sur les chambres noires ordinaires du commerce ne peuvent servir qu'à prouver l'ignorance de leurs constructeurs. Ces niveaux n'ont leur raison d'être que sur des instruments munis d'accessoires convenables, tels que des plateaux à vis calantes.

Quelques savants ont fait construire pour leur usage des chambres noires supportées par des plateaux à vis calantes;

mais ce système rend l'appareil si lourd, si fragile, si coû-
teux et si difficile à manier, qu'on ne trouverait pas, je crois,
un seul constructeur ayant essayé de le mettre en vente.
Quelque singulière que la chose puisse paraître, jusqu'à la
publication de mes recherches, on ne pouvait trouver à Paris,

Fig. 1.

Partie supérieure du nouveau pied à calotte sphérique
adapté aux chambres noires par l'auteur.

dans le commerce, une chambre noire de voyage munie d'accessoires permettant de la rendre horizontale.

Je suis arrivé à mettre les chambres noires parfaitement
horizontales en quelques secondes par deux additions très
simples qui ne modifient pas leur poids. Elles consistent dans
l'emploi d'un très petit niveau sphérique combiné avec une
calotte sphérique particulière — susceptible de s'adapter à
tous les pieds ordinaires. — Cette calotte permet à la chambre
de s'incliner à volonté en tous sens et en même temps de
tourner autour de son axe quand elle a été fixée dans une
position choisie.

Ce nouveau pied ou plutôt cette nouvelle portion de pied

est une simple adaptation aux pieds ordinaires des photographes de la calotte sphérique à ressort et double écrou concentrique, imaginée par le colonel Goulier pour l'École d'Application du génie et adoptée par la Commission du nivellement de la France. Je me suis borné à lui faire subir les modifications nécessaires pour la rendre économique et légère. Elle peut s'adapter à tous les pieds ordinaires de Photographie pour une douzaine de francs (¹).

Le niveau sphérique s'encastre derrière le verre dépoli dans l'épaisseur de la planchette de la chambre noire. Son épaisseur est de 0ᵐ,01, son diamètre celui d'une pièce de 1ᶠ(¹). Sa courbure est celle d'une sphère de 0ᵐ,30 à 0ᵐ,40 de rayon.

Il suffit de desserrer d'un quart de tour un des écrous du pied pour permettre à la chambre noire de s'incliner à frottement gras dans tous les sens. En 20 secondes on arrive, en surveillant la bulle du niveau, à mettre la planchette qui supporte la chambre parfaitement horizontale : il n'y a plus alors qu'à serrer l'écrou pour la fixer dans cette situation. Un second écrou permet de faire tourner la chambre sur son axe autant qu'il peut être nécessaire, sans qu'elle cesse de rester horizontale.

Ces deux modifications, calotte sphérique et niveau sphérique, sont *absolument indispensables*. Tout photographe qui les aura essayées une seule fois en fera certainement toujours usage. Grâce à la calotte sphérique, la chambre peut être

---

(¹) La calotte sphérique dont je me sers a été construite, sur mes indications, par M. Labre, 59, avenue des Gobelins. Elle peut être très facilement copiée d'ailleurs par tous les constructeurs.

(¹) La plupart des niveaux sphériques du commerce sont des instruments grossièrement imparfaits, mal centrés et qui perdent rapidement leur liquide. Il n'y a guère à Paris que deux ou trois constructeurs capables d'en fabriquer de convenables. Le constructeur qui a posé les miens est M. Berthelemy, 16, rue Dauphine. Il peut les livrer et les adapter pour 5ᶠ à 6ᶠ sur une chambre noire quelconque, derrière la glace dépolie.

placée, non seulement horizontalement, mais encore subir toutes les inclinaisons en avant que nécessitent quelquefois les portraits, sans qu'on ait à toucher au pied.

La troisième modification que je vais indiquer n'est pas aussi indispensable que les précédentes, mais elle est cependant d'une utilité telle que je ne saurais trop la recommander. Elle consiste dans la division de la glace dépolie à l'acide fluorhydrique (*). Grâce à cette division, on mesure à volonté les dimensions des objets, les angles horizontaux et verticaux, mesures qu'on pourrait faire à la rigueur avec un décimètre, mais d'une façon bien imparfaite.

Ces divisions peuvent être faites d'ailleurs au crayon; mais le temps qu'on y passerait serait supérieur à la dépense de la gravure. Voici, dans tous les cas, comment doit être faite cette graduation. Les personnes familières avec les propriétés des lentilles et des lignes trigonométriques comprendront immédiatement les considérations géométriques, inutiles à développer ici, sur lesquelles cette graduation repose.

On commence par tracer sur la glace et passant par son centre, deux lignes, l'une verticale, l'autre horizontale. Ces lignes sont divisées en millimètres et graduées comme un décimètre, en ayant soin de prendre le centre de la glace comme zéro de toutes les divisions. On obtient ainsi quatre graduations allant en quatre sens différents, c'est-à-dire vers le haut de la glace, vers le bas, vers la droite et enfin vers la gauche. Les deux lignes en croix passant par le centre de la glace sont les seules qu'il soit utile de diviser en milli-

---

(*) Les divisions millimétriques sur glaces dépolies ont été faites par les soins de M. Molteni, 44, rue du Château-d'Eau. Le prix est d'une dizaine de francs pour les grandes glaces de 0^m,15 sur 0^m,21. C'est également à ce constructeur que j'ai confié le soin d'exécuter les divisions figurant sur les parois antérieures et latérales de chambres noires dont il est parlé plus loin, ainsi que l'adaptation d'une boussole sur la planchette.

mètres et de graduer. Sur le reste de la glace, on trace de
centimètre en centimètre, en hauteur et en largeur, des lignes
parallèles aux deux divisions fondamentales. L'opération terminée, la glace se trouve couverte de carreaux ayant $0^m,01$
de côté. La finesse des lignes empêche que les divisions
nuisent à la netteté de l'image des objets extérieurs qui se
forme sur la glace dépolie, quand on met au point ([1]).

En dehors des trois modifications fondamentales précédentes, indispensables à tous les photographes, il en est
d'autres utiles seulement aux personnes qui veulent lever
par la Photographie des plans de monuments, et que je ne
mentionnerai que succinctement. Je veux parler des divisions millimétriques sur la planchette dans les rainures de
laquelle glisse le porte-objectif; ces divisions permettent,
comme nous le verrons, de retrouver sans difficulté la position du centre optique quand on déplace l'objectif. Des divisions latérales sur la planchette horizontale de la chambre
noire sont également fort utiles dans beaucoup de cas pour
des reproductions à une échelle déterminée, pour une mise au
point automatique en cas de rupture de la glace dépolie, etc.
Toutes ces divisions étant faites d'avance sur des bandes
de cuivre ajustées ensuite avec des vis, représentent une
dépense insignifiante.

Je ne parlerai que pour mémoire de l'addition d'une boussole, divisée en degrés, que j'ai fait encastrer dans la planchette de ma chambre noire. Elle peut rendre des services
dans certains cas, mais il faut avoir soin alors de remplacer
par des pièces en cuivre les pièces en fer de l'appareil photographique, notamment la crémaillère de la chambre noire.

----

[1] Tous les photographes auxquels j'ai indiqué cette graduation
de la glace dépolie et ses avantages l'ont immédiatement adoptée.
M. A. Londe, directeur du service photographique de la Salpétrière.
a adopté notre modèle pour cet établissement et l'a représenté dans
son intéressant Traité de Photographie.

2. — Conditions que doivent réaliser les images photographiques pour permettre les mêmes études et mensurations que le monument lui-même.

Pour que des images photographiques d'un édifice puissent être considérées comme aptes à remplacer ce dernier, elles doivent remplir les deux conditions fondamentales suivantes :

1° Être obtenues à une échelle suffisante pour que les détails importants, ornements, statues, inscriptions, etc., soient parfaitement visibles;

2° Contenir tous les éléments nécessaires pour permettre de calculer les dimensions des diverses parties représentées.

Pour montrer comment il est possible d'obtenir facilement des images satisfaisant aux conditions précédentes, nous allons indiquer de quelle façon nous opérons dans les différents cas qui peuvent se présenter, en commençant naturellement par les moins compliqués.

Le plus simple de tous ces cas sera celui de la reproduction d'une surface plane, la façade d'une maison, par exemple.

La première des conditions énumérées plus haut, — avoir des images riches en détails, — est celle dont la réalisation est la plus facile. La grandeur d'une image étant fonction de la longueur du foyer de la lentille qui a servi à l'obtenir, on peut, sans avoir à déplacer la chambre noire, et uniquement en faisant usage de lentilles de foyers différents, obtenir des photographies à une échelle quelconque, avoir ainsi successivement une vue d'ensemble à une petite échelle, et à une plus grande échelle toutes les vues de détails dont on aura besoin. Cette façon d'opérer est d'ailleurs parfaitement connue, et, si elle n'est guère appliquée, c'est simplement parce que les photographes de profession ne cherchent à obtenir que des vues d'ensemble des monuments, au lieu de vues de détails qui ne leur sont pas demandées. Le photographe ne doit jamais oublier que lorsqu'on possède des objectifs de foyers

différents, c'est exactement comme si l'on pouvait obliger les
monuments à s'éloigner ou se rapprocher à volonté. Si l'on
emploie, par exemple, un objectif de 0ᵐ,20 de foyer pour photographier une tour placée à 100ᵐ, on peut, en lui substituant
un objectif de 0ᵐ,40 de foyer, avoir exactement la même image
que si, ne possédant que le premier objectif de 0ᵐ,20 de foyer,
on avait pu obliger la tour à se rapprocher de 50ᵐ.

Pour que l'image photographique d'une surface plane puisse
être considérée comme une réduction sensiblement géométrique, c'est-à-dire dépourvue des déformations perspectives,
il est nécessaire de s'assujettir à une série de conditions le
plus souvent ignorées des photographes. Il est indispensable,
tout d'abord, que l'appareil soit horizontal et que l'objectif
ne puisse se déplacer qu'en restant parallèle à lui-même; il
faut ensuite que la glace dépolie soit parallèle à la surface
à reproduire. A ces conditions s'en joint une dernière que
je ne mentionnerai que pour mémoire, car elle est connue de
tout le monde : je veux parler de l'obligation de ne faire
usage que de lentilles dites rectilinéaires, c'est-à-dire d'objectifs construits de telle façon que l'aberration de l'une des
lentilles soit corrigée par l'aberration en sens contraire de
l'autre.

Pour rendre la glace dépolie parallèle à la surface supposée
plane du monument à reproduire, il suffit, une fois qu'on est
devant cette surface, — et il n'est nullement nécessaire de se
trouver vis-à-vis son centre, — de faire pivoter la chambre noire
sur elle-même autour de son axe, jusqu'à ce que les lignes
horizontales des parties supérieure ou inférieure du monument, toits, fenêtres, portes, etc., soient parfaitement couvertes
par une des lignes horizontales gravées sur la glace dépolie.
Tant que la glace dépolie ne sera pas parallèle au monument,
les lignes horizontales de ce dernier, au lieu d'être parallèles
aux lignes de la glace dépolie, seront coupées obliquement par
elles.

Ce moyen est aussi simple qu'exact, et l'on peut s'en convaincre facilement en mettant au point un monument quelconque, ou simplement une carte de géographie : on verra qu'il n'y a qu'une position angulaire dans laquelle le parallélisme entre les lignes de l'objet et celles de la glace dépolie subsiste; la moindre rotation de l'appareil autour de son axe le fait disparaître (*).

Les personnes au courant des lois de la perspective comprendront aisément pourquoi nous avons dit de choisir les lignes horizontales du haut ou du bas du monument. C'est sur ces lignes, en effet, que l'obliquité des fuyantes est la plus grande. Sur les lignes voisines de la ligne d'horizon, le parallélisme subsisterait dans toutes les positions angulaires de la chambre noire.

Les mêmes lois de la perspective montrent également pourquoi nous parlons de déplacement angulaire. Il est évident, en effet, que l'appareil photographique peut être déplacé

(*) Bien que le procédé que je viens d'indiquer pour mettre un appareil photographique parallèle à un monument soit fort simple, je ne l'ai trouvé indiqué nulle part. On se rendra compte de sa très grande exactitude en constatant, comme je l'ai dit plus haut, à quel point une légère rotation de la chambre noire sur son axe, le pied restant immobile, altère sur l'image le parallélisme des lignes horizontales du monument, ou, ce qui revient au même, la hauteur d'une ligne verticale comprise entre deux lignes parallèles. A une trentaine de mètres, avec un objectif de $0^m,25$ environ de foyer, l'image d'un monument de 20^m de hauteur se réduit immédiatement d'environ 5 à 6 millimètres pour une rotation de quelques degrés de la chambre sur son axe. On pourrait même déduire de cette indication un moyen de rendre parallèle à un monument une chambre noire dont la glace dépolie ne serait pas graduée. Il suffirait après la mise au point et sans toucher au pied, de desserrer un peu l'écrou maintenant la chambre noire et la faire tourner sur son axe jusqu'à ce que l'image ait la plus grande dimension possible. A ce moment, la glace serait exactement parallèle au monument. On voit aisément, quand on est arrivé à cette dimension maxima, parce que, en continuant à faire tourner la chambre dans le même sens, l'image, au lieu de continuer à croître, diminue au contraire de grandeur.

2.

parallèlement à lui-même devant la surface à reproduire sans cesser de lui être parallèle, et par conséquent sans cesser de donner des réductions géométriques. *

Dans le cas assez rare où l'on aurait à reproduire une portion de monument privé de lignes horizontales, on arriverait à se mettre parallèlement à ce monument en traçant une croix sur le milieu de la surface à reproduire ou mieux en la divisant en deux parties égales par un fil à plomb. Cette croix ou ce fil à plomb ayant été amené, pendant la mise au point, au zéro des divisions de la glace dépolie, cette dernière se trouvera parallèle à la surface à reproduire lorsque les images des deux portions latérales de cette surface auront la même dimension apparente.

Lorsque l'appareil a été mis bien horizontal et parallèle à la surface à reproduire, il peut arriver qu'une partie de cette surface n'entre pas dans le champ de l'instrument. On l'y fait entrer aisément en déplaçant l'objectif parallèlement à lui-même. Ce n'est que par ce déplacement parallèle qu'on peut éviter ces déformations qu'on observe si souvent sur les photographies de monuments élevés et qui sont la conséquence de l'inclinaison de l'appareil.

Rien n'est plus facile que de déplacer l'objectif parallèlement à lui-même, puisqu'il suffit de le monter sur une planchette pouvant glisser entre des rainures verticales, de façon à lui permettre un déplacement vertical ou latéral assez étendu. Un mouvement vertical très faible de la lentille produisant un déplacement très grand de l'image sur le verre dépoli, on arrive aisément à reproduire le sommet d'un monument élevé sans être obligé d'incliner l'appareil. La plupart des chambres noires qu'on trouve aujourd'hui dans le commerce permettent un déplacement léger de la planchette porte-objectif mais, dans la plupart des appareils existant actuellement, l'étendue de ce déplacement est tout à fait insuffisante.

Une photographie obtenue en suivant les indications précédentes représentera une véritable réduction géométrique de la surface plane reproduite. Nous pourrons donc déterminer plus tard, à notre aise, les dimensions de toutes ses parties, si nous avons eu soin d'appliquer un mètre sur un point quelconque de la surface à reproduire et de le photographier avec elle.

J'ai supposé, dans ce qui précède, le cas d'une surface plane à reproduire; et, à la rigueur, si nous n'étions pas obligé d'économiser le plus possible les plaques photographiques, nous pourrions nous arranger de façon à n'avoir à reproduire le plus souvent que telles surfaces. En pratique, il vaut mieux, généralement, obtenir d'un seul coup plusieurs plans et s'arranger de façon à obtenir en même temps les éléments nécessaires à la mensuration des éléments contenus dans chacun de ces plans. Les lois de la perspective montrent immédiatement que, l'échelle du premier plan, obtenue comme il a été indiqué plus haut, n'est en aucune façon applicable aux autres plans. Si nous reproduisons, par exemple, la porte d'un temple, au delà de laquelle nous apercevons une avenue de colonnes, l'image obtenue conformément aux règles précédentes nous donnera bien une réduction géométrique de la porte du temple, mais non des colonnes. Nous pourrons donc bien calculer les dimensions des objets situés au premier plan, mais nullement celle des objets situés dans les autres plans.

Un procédé très simple nous permettra de tourner cette difficulté et d'obtenir une image avec laquelle on pourra reconstituer plus tard les dimensions des objets situés dans les différents plans. Il suffit de placer un petit nombre de mètres (trois ou quatre au plus) en un certain nombre de points convenablement choisis. Nous verrons dans d'autres parties de cet Ouvrage qu'en appliquant les lois de la perspective on peut se contenter d'un seul mètre et même s'en passer entièrement. Si nous préférons les multiplier, c'est qu'ils constituent un moyen de vérification précieux.

Admettons, pour fixer les idées, que l'intérieur du temple

que nous venons de prendre pour exemple contienne, sur les parties latérales, des colonnes de hauteur égale, et qu'il soit terminé par un autel. Il est évident qu'un premier mètre, placé au premier plan, un second, le long d'une colonne quelconque, et un troisième, devant l'autel, nous donneront, quand ils seront photographiés, les dimensions de la porte d'entrée, des colonnes et de l'autel. Si les colonnes sont égales, il suffit de connaître la hauteur de l'une d'elles pour connaître celle de toutes les autres. Si elles sont composées de rangées inégales, un quatrième mètre (¹) nous donnerait les dimensions de toute la rangée de colonnes de hauteur différente.

On peut, par des artifices analogues à ceux qui précèdent, connaître les dimensions des diverses parties d'un édifice, même sans s'assujettir à le photographier de face, lorsque des raisons artistiques ou le défaut de place conduisent à le reproduire de trois quarts. Ce n'est, d'ailleurs, que pour des portions définies, riches en détails, qu'il est nécessaire de faire les photographies de face, en suivant les règles indiquées plus haut.

Les photographies exécutées de la façon qui précède portent sur elles toutes les indications nécessaires pour reconstituer deux des dimensions d'un intérieur quelconque (hauteur et largeur). Rien n'est plus simple que de retrouver la troisième dimension, la profondeur. On peut y arriver en suivant la méthode indiquée dans un autre Chapitre, avec un mètre unique placé au premier plan. Il est cependant plus

---

(¹) Je me sers simplement de ces mètres de poché, en bois, munis de ressorts assurant leur parfaite rectilignité quand ils sont ouverts. On les trouve dans tous les bazars au prix de 1 fr.

Pour que la vue d'un ou plusieurs mètres sur une façade de monument ne nuise pas à l'aspect artistique de la photographie, on a le soin de les placer dans un angle quelconque, entre des parties faisant saillie. Il est inutile qu'ils soient trop visibles sur l'image, il suffit qu'on puisse les y retrouver.

sûr de placer un mètre au dernier plan. Si l'on connaît la distance focale de l'objectif, des calculs très simples, indiqués ailleurs, permettront ensuite de calculer cette profondeur.

Telles sont les lignes générales de la méthode, dont les Chapitres de cet Ouvrage nous montreront les applications aux divers cas qui peuvent se présenter.

La méthode photographique qui vient d'être décrite permettrait de réunir un nombre suffisant de morceaux d'un monument pour pouvoir reconstituer entièrement son plan; mais, comme beaucoup de ces photographies, qu'il faudrait prendre pour arriver à ce résultat, pourraient être dépourvues d'intérêt artistique, il est préférable, lorsqu'on tient uniquement à connaître les dimensions des diverses parties d'un édifice de remplacer la Photographie par d'autres procédés, de manière à conserver sa provision de glaces pour des choses essentielles. Nous indiquerons ailleurs comment, au moyen de mesures effectuées avec des appareils très portatifs, on peut compléter les indications fournies par la Photographie. Il serait inutile d'insister maintenant sur ce point, ce Chapitre étant uniquement destiné à indiquer les règles essentielles qui permettent aux photographes ordinaires d'obtenir, sans aucun travail supplémentaire, des photographies, portant sur elles des éléments suffisants de mensuration.

Les divers procédés indiqués dans ce Chapitre ne conduisent certainement pas à des résultats d'une précision absolument mathématique, mais néanmoins à des résultats d'une précision plus que suffisante dans la pratique. Au point de vue archéologique, il est tout à fait inutile de mesurer au centimètre des monuments généralement en ruines, et dont la chute d'une pierre peut faire varier d'un instant à l'autre la hauteur. Le défaut de précision absolue est racheté par la sûreté des indications. Étant automatiques et la présence du mètre sur la photographie rendant toujours la vérification facile, les méthodes de mensuration que nous avons indiquées rendent les erreurs impossibles.

Il faudrait bien se garder de croire, d'ailleurs, que même en sacrifiant inutilement un temps considérable et en emportant avec soi des instruments volumineux, on puisse espérer obtenir en voyage, par un procédé quelconque, une précision plus grande que par la Photographie. En supposant que le voyageur emportât avec lui un de ces volumineux théodolites, qui forment à eux seuls la charge d'un homme et dont la mise en station demande bien une heure, il ne pourra jamais espérer arriver à mesurer avec précision des monuments, parce que toutes ses mesures seront toujours affectées de l'erreur commise en mesurant une base avec les moyens forcément insuffisants dont on peut disposer en voyage. Perte de temps, erreurs de toutes sortes résultant de la mensuration de la base et des fautes de lecture et de calculs ('), tels sont les inconvénients des procédés classiques. Absence de perte de temps, erreurs de calculs impossibles, précision très suffisante pour les besoins de la pratique, tels sont les avantages des mensurations obtenues par la Photographie.

Je n'ai pas besoin de dire que je considère les mensurations

(') La mesure de la hauteur d'un monument, qui est en théorie une opération géométrique extrêmement simple, paraît, en pratique, du moins par les méthodes classiques, chose assez difficile, à en juger par la divergence des chiffres que trouvent divers observateurs pour le même monument. Je ne connais pas deux monuments de l'Orient dont les mesures — en dehors du cas d'ailleurs fréquent où les auteurs se sont copiés — ne présentent pas les plus étonnantes divergences. Il n'y a pas d'ailleurs que les monuments de l'Orient qui soient dans ce cas. Pour ne parler que de monuments situés en Europe et parfaitement connus, je citerai la cathédrale de Strasbourg. Depuis le xvi° siècle, sa hauteur a été mesurée par plusieurs générations d'ingénieurs et d'architectes : or, les dimensions trouvées et publiées varient entre 138 et 180ᵐ. En pariant au hasard qu'une mesure de hauteur de monument donnée dans un livre est fausse, on a huit chances sur dix de gagner. Il m'est arrivé d'ailleurs plus d'une fois de rectifier, par la Photographie, des mesures inexactes données par le calcul.

comme une partie tout à fait accessoire de l'étude des monuments. N'ayant plus à s'occuper de ces dernières qui s'enre-
gistrent d'elles-mêmes, l'opérateur pourra consacrer beaucoup
plus de temps à la reproduction des détails et des intérieurs,
reproductions généralement négligées d'une façon surpre-
nante. Les photographes de profession ne s'occupent généralement que de prendre une vue d'ensemble d'un monument,
laissant entièrement de côté les détails, et surtout les intérieurs. Sur près de 2000 photographies de l'Inde qui me sont
passées par les mains, je n'en ai pas trouvé 30 donnant
les détails d'architecture et l'intérieur des temples que je
désirais connaître, et qu'il m'a bien fallu photographier moi-
même, puisque personne n'avait songé à le faire.

Les règles contenues dans ce Chapitre sont, je crois, d'une
simplicité extrême. Je vais essayer de les rendre plus simples
encore, en résumant en quelques lignes tout ce qu'il est
nécessaire de faire pour obtenir des photographies de monuments contenant les indications suffisantes pour permettre
les mêmes études et mensurations que le monument lui-
même :

*1° Faire subir aux appareils ordinaires les trois modifi-
cations suivantes : couvrir la glace dépolie de lignes parallèles tracées soit au crayon, soit de préférence à l'acide
fluorhydrique; faire adapter aux pieds habituels notre
calotte sphérique à double écrou; faire placer sur la
chambre noire, derrière la glace dépolie, un petit niveau
sphérique.*

*2° Ne jamais incliner l'appareil photographique et le
maintenir, avec la calotte sphérique et le niveau, parfaitement horizontal. Les parties de monuments qui seraient
hors du champ de la chambre noire, y seront ramenées
en faisant monter ou descendre la planchette porte-objectif.*

*3° Lorsqu'il s'agit de reproduire la façade ou le profil
d'un édifice, se mettre toujours parallèlement à la surface*

à reproduire, et placer *verticalement un mètre dans un recoin quelconque du plan à reproduire.*

4° *Lorsqu'on photographie un monument comprenant plusieurs plans (intérieurs, édifices vus de trois quarts, etc.), placer verticalement deux ou trois mètres dans les divers plans où se trouvent des objets de hauteurs différentes. Le plus souvent, un mètre au premier plan et un mètre au dernier suffisent.*

5° *Prendre d'abord une vue d'ensemble de l'extérieur du monument, puis une vue d'ensemble de son intérieur, puis le plus possible de vues de détails (colonnes, statues, bas-reliefs, etc.)*

6° *Avoir toujours des objectifs de foyers différents (0ᵐ,20, 0ᵐ,30 et 0ᵐ,50, par exemple), afin de pouvoir photographier les objets à la grandeur que l'on désire, alors même qu'un obstacle empêche de s'en approcher suffisamment.*

Si notre Ouvrage n'était destiné qu'aux photographes de profession, nous pourrions le terminer ici. Mais l'objectif photographique fournit pour le lever des plans et la Topographie bien d'autres ressources que les procédés simplifiés que nous venons de décrire. Il nous reste à les exposer.

CHAPITRE II.

EMPLOI DE LA CHAMBRE NOIRE PHOTOGRAPHIQUE POUR LA MESURE DES ANGLES ET POUR DIVERSES OPÉRATIONS DE TOPOGRAPHIE.

1. Emploi de la chambre noire pour mesurer les distances angulaires. — Théorie de la mesure des angles à la chambre noire. — Angles horizontaux et angles verticaux. — Lecture des angles au moyen de leurs tangentes sur une glace dépolie ou sur une photographie. — Transformation en degrés de la distance linéaire séparant deux objets sur une photographie. — Détermination graphique de la valeur des angles observés à la chambre noire. — 2. Emploi de la chambre noire comme instrument de niveau. — Théorie et pratique de l'opération. — 3. Emploi de la chambre noire comme équerre d'arpenteur. — Moyen de mener des perpendiculaires à la chambre noire.

Dans les calculs divers que contient cet Ouvrage, nous aurons fréquemment à mesurer des angles, mener des lignes de niveau, etc. Nous allons montrer dans ce Chapitre que la chambre noire photographique est le plus simple et le meilleur des instruments de Topographie bien qu'elle n'ait guère été employée à cet usage jusqu'ici.

1. — Emploi de la chambre noire pour mesurer des distances angulaires.

Théorie de la mesure des angles à la chambre noire. — Pour transformer un appareil photographique en un instrument de mesure des angles, tout aussi exact que ceux employés en Topographie, il suffit de graduer la glace dépolie, comme nous l'avons dit dans le précédent Chapitre. Les deux lignes

3

en croix, divisées en millimètres, ayant leur point de jonction
et leur zéro au centre de la glace, c'est de ce centre que part
le zéro de graduation. Avec cette division, la mesure des
angles qui séparent les objets figurant sur la glace dépolie
est infiniment simple; et il est vraiment singulier que l'on

Fig. 2.

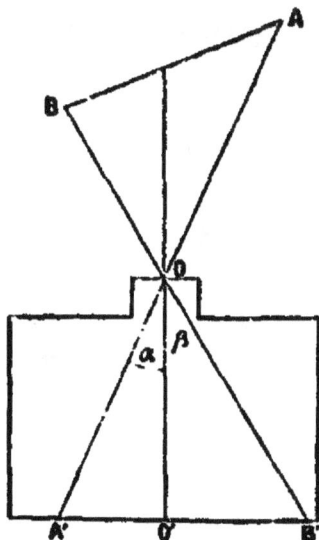

n'ait pas songé depuis longtemps au parti que l'on pouvait.
à ce point de vue, tirer d'une chambre noire.

Ce qu'on lit sur la glace dépolie, on peut évidemment le
lire également sur la photographie. Connaissant le foyer de
l'objectif qui a servi à faire une photographie et la position
du centre optique, on peut y mesurer avec un simple décimètre les angles compris entre les objets.

Pour éviter les erreurs d'application, il ne sera pas inutile
de rappeler quelques indications théoriques. Il est bien évident, tout d'abord, que ce ne sont pas des arcs exprimés en
degrés, mais bien les tangentes de ces arcs qui se liront sur
la glace dépolie d'une chambre noire. Pour que cette lecture
soit possible, il suffit de s'assujettir à cette condition, que

l'origine des mesures angulaires parte toujours de la projection du centre optique sur la glace dépolie, c'est-à-dire de son centre. Si nous supposons deux objets A, B (*fig.* 2) faisant leur image sur la glace dépolie aux points A', B', et que OO' soit l'axe optique de l'objectif, *f* la distance focale principale = OO' de cet objectif, α et β les angles que font avec l'axe optique les rayons AA' et BB'. On a évidemment

$$\text{angle } AOB = A'OB'$$
$$A'oOB' = \alpha + \beta,$$
$$\tan\alpha = \frac{A'O'}{OO'},$$
$$\tan\beta = \frac{O'B'}{OO'}.$$

Il suffit donc, comme on le voit, pour connaître la valeur de l'angle AOB, de mesurer en *millimètres* sur la glace A'O' et O'B', de diviser ces nombres par la distance focale principale, chercher dans une Table de tangentes naturelles à quels angles correspondent ces deux quotients, et finalement d'additionner ces deux angles.

Ceci étant posé, supposons que nous voulions observer à la chambre noire la distance angulaire qui sépare deux objets, deux pointes de clochers, A, B, par exemple (*fig.* 3) que l'on voit sur la glace dépolie de la chambre noire. L'instrument ayant été mis bien horizontal, nous le tournons jusqu'à ce que l'un des clochers A ait été amené sur la ligne verticale passant par le zéro de la glace dépolie, et nous regardons ensuite, sur la ligne horizontale graduée passant par le centre de la glace dépolie, le nombre de millimètres a'b' existant entre les deux lignes verticales passant par les deux objets, de façon à avoir, comme dans les appareils de Topographie ordinaire, l'angle réduit à l'horizon. C'est de ce nombre de millimètres que nous déduirons ensuite la distance angulaire.

Dans l'opération précédente, les objets n'étaient pas situés

dans un même plan; mais cela n'a aucune importance, puisque, en opérant comme nous l'avons fait, les angles sont
réduits à l'horizon. Les angles horizontaux ne se lisent, en
effet, que sur la ligne horizontale *xx'* représentant la ligne
d'horizon. Si leur image se trouve au-dessus ou au-dessous
de cette ligne, ce sont les perpendiculaires A *a'*, B *b'* allant de
l'image de l'objet à la ligne horizontale graduée *xx'* qui mar-

Fig. 3.

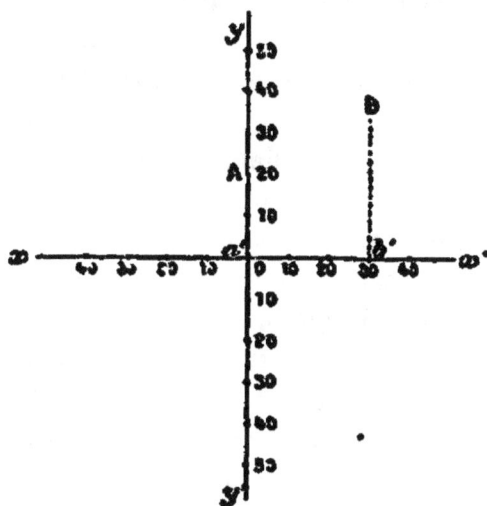

quent sur cette dernière le nombre de millimètres à observer,
c'est-à-dire le nombre de millimètres compris entre *a'* et *b'*.
Ces perpendiculaires étant tracées d'avance sur la glace
dépolie, de centimètre en centimètre, les lectures sont très
faciles.

Les angles verticaux s'observent de la même façon, mais se
lisent naturellement sur la ligne verticale qui divise en deux
la glace dépolie. Si nous voulons connaître, par exemple, la
hauteur angulaire du sommet d'un clocher A au-dessus de
l'horizon, nous amenons son sommet sur la ligne *yy'* : la hauteur angulaire est alors représentée par la tangente A *a'*.

Il ne faut faire usage de la chambre noire pour mesurer

les angles que lorsque les objets sont assez éloignés pour
former leur image au foyer principal. Ce cas est d'ailleurs le
seul qui se présente dans la pratique : on n'a jamais, en effet,
à mesurer les distances angulaires d'objets situés à quelques
mètres. Même, d'ailleurs, dans ce cas, la chambre noire pourrait servir à des mesures angulaires, à la condition de diviser
le nombre de millimètres trouvé sur la glace dépolie par la
longueur du foyer conjugué, au lieu de le diviser par celle
du foyer principal.

Quant à la précision obtenue dans la mesure des angles à
la chambre noire, elle est généralement égale, et le plus souvent supérieure à celle donnée par la plupart des instruments
topographiques. La raison en est bien simple. Un objectif
rectilinéaire ordinaire pour demi-plaque a de 0^m,25 à 0^m,30
de foyer, et correspond par conséquent à un cercle ayant le
même rayon. Or, ce n'est que d'une façon tout à fait excep-
tionnelle que les instruments topographiques possèdent
des cercles d'un aussi grand rayon. La précision peut
atteindre celle obtenue avec un vernier, si l'opérateur sait
diviser à vue, — comme savent le faire toutes les personnes
habituées à se servir de la règle à calcul, — le millimètre
en plusieurs parties et s'il a marqué une fois pour toutes
d'un coup de lime sur la planchette placée sur la glace dépolie la position qu'occupe cette dernière lorsqu'elle se
trouve exactement au foyer principal. Cette position est invariable pour tous les objets éloignés à condition de toujours
mettre au point sans se servir de diaphragmes. L'emploi de
ces derniers, peut, comme nous le verrons ailleurs, faire
varier la profondeur apparente du foyer principal.

*Traduction en degrés de la distance linéaire séparant
deux objets sur une photographie.* — Les explications théoriques qui précèdent montrent que si l'on désigne par *n* le
nombre de millimètres représentant la distance horizontale
comprise entre deux objets sur la glace dépolie, le zéro des

3.

divisions étant toujours pris pour origine des mesures, par f la longueur focale principale de l'objectif, par α la distance angulaire correspondant à la distance horizontale n, on a

$$\tan\alpha = \frac{n}{f}.$$

Connaissant la tangente de l'angle α, il suffit de chercher dans une Table de tangentes naturelles quel est l'angle correspondant à cette tangente. Supposons, pour fixer les idées, que la distance horizontale séparant deux objets sur la glace dépolie soit de 0m,031, avec un objectif de 0m,28 de foyer, et recherchons quel sera leur écartement angulaire α. Appliquant la formule précédente, nous avons

$$\tan\alpha = \frac{31}{280} = 0,111.$$

Une Table de tangentes naturelles montre immédiatement que l'angle correspondant à une tangente de 0,111 est 6°21'.

Il ne sera pas inutile de remarquer que la très simple formule qui précède n'est pas applicable à la chambre noire seulement, mais bien à tous les instruments munis de divisions permettant de mesurer les images formées à leur foyer. C'est ainsi, par exemple, qu'il suffit d'adapter à l'oculaire d'une longue-vue quelconque un micromètre en verre divisé en dixièmes de millimètre, dépense qui ne dépasse pas 5fr à 6fr, pour avoir un instrument propre à des mesures angulaires très précises.

Les angles ainsi mesurés avec une longue-vue ordinaire sont, en raison du grossissement de l'instrument, obtenus avec une grande précision; mais le champ de l'instrument étant très faible, il est impossible de mesurer l'écartement angulaire d'objets rapprochés. C'est même ce grave inconvénient qui nous a donné l'idée de notre *téléstéréomètre* décrit dans la seconde Partie de notre Ouvrage, instrument dans lequel le champ est très grand.

Avec tous les instruments d'optique, chambre noire, lunette
à micromètre, télestéréomètre, etc., le calcul à effectuer pour
déduire la distance angulaire existant entre les objets, de la
distance linéaire apparente qui les sépare, se borne toujours
à diviser cette distance par le foyer de l'instrument, ces deux
grandeurs étant toujours exprimées en unités de même ordre.
C'est ainsi, par exemple, qu'ayant observé avec mon télestéréomètre dont le foyer est de $0^m,026$, du haut de la terrasse
de Bellevue, le dôme des Invalides et la tour du Trocadéro la
plus rapprochée de l'observateur, j'ai trouvé que la distance
comprise entre les deux édifices sur le micromètre divisé en
dixièmes de millimètre, situé au foyer de l'oculaire, représentait 70^{di}. J'en ai immédiatement conclu pour la distance
angulaire entre les deux objets

$$\tan \alpha = \frac{70}{260} = 0,269.$$

Ce nombre $0,269$ cherché dans une Table de tangentes correspond à un angle de $15°4'$, on ne l'eût pas obtenue avec
plus de précision avec un instrument topographique ordinaire.

*Détermination par la méthode graphique des angles
observés à la chambre noire.* — En opérant comme il vient
d'être dit dans le Paragraphe précédent, les mesures linéaires
observées à la chambre noire sont traduites en degrés par
une opération comportant une division et une recherche
dans une Table. Ce petit travail peut s'éviter, lorsqu'on ne
tient pas à calculer les angles avec une grande précision,
par une construction graphique, permettant de traduire
immédiatement en degrés les longueurs mesurées en millimètres sur la glace dépolie. Ce graphique se fait simplement en traçant sur du papier une longueur OB (*fig. 4*),
exactement égale à la longueur du foyer principal de
l'objectif et élevant à son extrémité une perpendiculaire de

longueur quelconque BD qu'on divise en millimètres. Par un point quelconque A de la ligne OB on trace un arc de cercle ayant O pour centre, et, avec un rapporteur dont le centre est placé en O, on pointe sur cet arc de cercle les divisions en degrés et demi-degrés marquées sur l'instrument. On mène ensuite par chacune de ces divisions des lignes qu'on prolonge jusqu'à la perpendiculaire BD, et l'opération est terminée. Lorsqu'on veut savoir à quel degré correspond un nombre déterminé de millimètres compté sur la glace dépolie

Fig. 4.

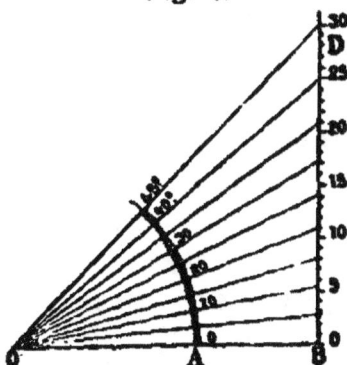

à partir de son zéro, il faut chercher le nombre sur l'échelle BD, puis voir quelle est la ligne oblique passant par la division de BD correspondante et le point O. L'intersection de l'arc de cercle par cette ligne indique le nombre de degrés cherché. En raison de la petitesse du champ embrassé par un objectif, il est inutile de marquer sur l'arc de cercle plus de 45°.

Nous venons de voir comment, avec des mesures linéaires portées sur une glace dépolie, ou sur une photographie, on pouvait obtenir soit par le calcul, soit graphiquement, les angles exprimés en degrés. Ces calculs et ces constructions sont assurément très simples, mais on peut les éviter en construisant directement les angles sur le papier, uniquement avec les distances linéaires qui se lisent sur la glace dépolie. Ces distances sont les tangentes des angles existant entre les objets, et chacun sait qu'une tangente, un sinus ou toute autre fonction trigonométrique quelconque exprime aussi bien la valeur d'un angle que la division du cercle en degrés. Si l'on est obligé souvent de se servir de Tables pour traduire en degrés les angles dont on ne connaît que la valeur trigonométrique, c'est uniquement pour faciliter certains calculs. Il serait très facile de construire des instruments donnant les angles, non pas en degrés, mais en tangentes exprimées en centièmes ou millièmes du rayon, et de ne faire figurer que ces chiffres dans toutes les opérations. Cette division, au moins pour des angles ne dépassant pas beaucoup 60°, serait certainement plus rationnelle que la vieille division du cercle en 360°.

La chambre noire représente précisément un des instruments auxquels je viens de faire allusion; et si l'on devait toujours faire usage du même objectif, rien ne serait plus facile que de diviser la glace dépolie en centièmes ou en millièmes de la longueur focale de l'objectif, et d'y lire directement les angles exprimés en centièmes ou millièmes du rayon.

Mais cette division est inutile, puisqu'elle ne conviendrait que si l'on ne changeait pas d'objectif. La division millimétrique est la plus simple, d'abord parce qu'elle permet de passer par un calcul très simple à la division en centièmes du rayon qui, au moyen de Tables de tangentes naturelles, permet de passer à la division en degrés, et ensuite parce qu'elle permet, comme nous allons le voir maintenant, de construire graphiquement sur le papier les angles, sans aucun calcul.

Soit, je suppose, à construire sur le papier l'angle existant entre deux objets, et représenté sur la glace dépolie par une distance horizontale de 0^m,035, à partir du zéro de cette glace amené comme toujours sur l'un des objets dont on désire mesurer l'écartement angulaire. Le foyer principal de l'objectif est, je suppose, de 0^m,20. Sur une ligne indéfinie AX (*fig.* 5).

il suffira de marquer une longueur $AB = 0^m,20$, c'est-à-dire la longueur focale principale, d'élever en B une perpendiculaire $BC = 0^m,035$, et de joindre CA : a sera l'angle cherché.

Cette construction est fort simple, mais elle peut être simplifiée encore en se servant d'une équerre graduée ayant AB pour longueur et le côté BC gradué en millimètres. On fabrique soi-même en quelques secondes une semblable équerre avec une feuille de papier épais quadrillé au millimètre, qu'on trouve chez tous les papetiers. Une telle équerre,

Fig. 5.

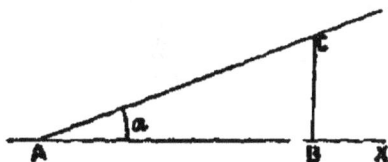

qui est une véritable Table de tangentes, permet de construire immédiatement tous les angles possibles observés à la chambre noire.

Pour chaque objectif, on peut construire une équerre semblable, en ayant bien soin de donner toujours à l'un de ses côtés exactement la longueur focale principale de l'objectif.

Construction des angles sur une photographie. — Les angles peuvent se mesurer sur une photographie exactement comme sur la glace dépolie de la chambre noire, à la simple condition que l'on puisse y tracer la ligne d'horizon et la projection du centre optique, et que l'on connaisse le foyer de l'objectif qui a servi à prendre la photographie.

Ces angles, mesurés avec un simple décimètre sur la ligne d'horizon, peuvent être traduits en degrés, comme nous l'avons vu plus haut. Il peut être parfois utile de pouvoir les construire sur la photographie elle-même, préalablement collée sur un carton. Nous allons indiquer la façon d'opérer.

Soit, par exemple (*fig.* 6), une photographie ABCD, sur

laquelle nous voulons déterminer l'angle horizontal existant
entre deux objets H, R, et l'angle vertical au-dessus de
l'horizon, c'est-à-dire la hauteur angulaire de l'objet H.

La première opération sera de tracer, suivant les moyens
indiqués dans un autre Chapitre, la ligne d'horizon et le
centre optique O. Par le point O nous élèverons sur la ligne

Fig. 6.

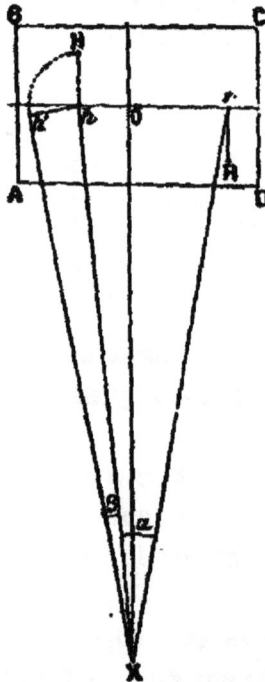

d'horizon une perpendiculaire OX, exactement égale à la
longueur focale principale de l'objectif. Il ne reste plus alors
qu'à abaisser sur la ligne d'horizon, du pied des objets H et
R, dont on veut connaître l'écartement angulaire, les perpendiculaires H h, B r, et joindre h X, r X : α est l'angle horizontal cherché.

Pour avoir la hauteur angulaire du point H, représentant,
je suppose, le sommet d'une maison; il n'y a qu'à rabattre
cette hauteur angulaire sur le plan et pour cela il suffit de

mener hX, d'élever en h, au moyen d'un arc de cercle et d'une équerre, une perpendiculaire $hh' = h$H. Si l'on joint alors h' à X, l'angle vertical cherché est représenté par β.

2. — Emploi de la chambre noire comme instrument de niveau.

La chambre noire qui, comme nous venons de le voir, constitue un graphomètre simple et exact, peut être utilisée également comme instrument de niveau. La précision du nivellement qu'on pourra ainsi obtenir, sera moins grande que celle obtenue dans la mesure des angles, mais suffisante encore pour les besoins de la pratique.

Les différences de niveau d'un terrain peuvent, comme on le sait, être obtenues par deux méthodes différentes : l'une impliquant la mesure d'angles verticaux et qui, par consé-

Fig. 7.

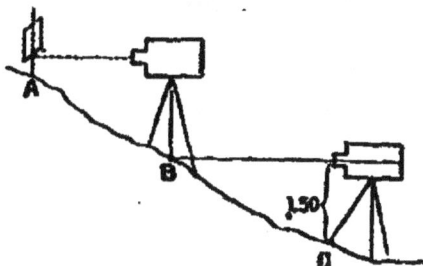

quent, rentre dans les cas décrits dans le Paragraphe précédent, l'autre, applicable surtout aux petites distances, et dans laquelle on opère exactement comme avec un niveau d'eau ordinaire. La théorie de cette dernière méthode peut s'expliquer en quelques lignes.

L'appareil étant horizontal et réglé de façon à ce que le centre optique corresponde au zéro de la glace dépolie, l'image d'une mire ordinaire, ou simplement de la portion du terrain quelconque qu'on voit au zéro de la glace dépolie, sera exactement à une hauteur au-dessus du sol égale à celle de l'objectif. En examinant la figure ci-jointe, on voit que le point B est à 1ᵐ,50 au-dessus du point C. La hauteur du centre optique au-dessus du sol se mesure immédiatement avec une canne métrique. Au lieu de viser le terrain, il vaut mieux viser une mire facile à improviser avec un jalon quelconque et un morceau de papier, ou mieux encore l'équerre de la canne métrique dont il vient d'être question à l'instant. J'aurai du reste occasion de revenir dans un autre Chapitre sur d'autres moyens de mesurer les différences de niveau par la Photographie, mais en faisant intervenir certaines lois de la perspective.

La chambre noire donnant les distances angulaires par simple lecture sur la glace dépolie, et les distances horizontales par la réduction d'un objet de grandeur connue, les personnes au courant de la Topographie voient aisément, qu'avec un aide porte-mire, on exécuterait fort rapidement la planimétrie et le nivellement d'un terrain, sans même s'assujettir à en prendre des photographies.

8. — Emploi de la chambre noire comme équerre d'arpenteur.

L'appareil photographique que nous avons successivement employé comme graphomètre et niveau, peut remplacer encore l'équerre d'arpenteur pour élever une perpendiculaire. Soit une ligne marquée par deux jalons A, B, à l'extrémité A de laquelle on désire élever une perpendiculaire ; il n'y a qu'à placer l'appareil photographique dans une position telle que AB soit parallèle à l'une des lignes horizontales tracées sur la partie supérieure ou inférieure de la glace dépolie, et que la ligne verticale passant par le centre de cette dernière passe également par le point A. Elle coupera alors tous les objets représentés sur la glace suivant une ligne perpendi-

4

culaire à AB, et en faisant placer un jalon sur cette direction, on aura la perpendiculaire cherchée.

J'ai indiqué l'opération qui précède, parce qu'il y a des cas où elle peut être exécutée facilement et pour montrer combien sont variées les applications de la chambre noire ; mais, dans la majorité des cas, on aura recours à des moyens plus rapides et plus simples dont nous parlerons ailleurs pour mener des perpendiculaires.

CHAPITRE III.

DÉTERMINATION DU FOYER
DES OBJECTIFS PHOTOGRAPHIQUES. RÉDUCTIONS
ET AGRANDISSEMENTS A UNE ÉCHELLE DONNÉE.

1. — Calcul du foyer principal d'un objectif.

La connaissance du foyer des objectifs employés en Photographie est d'une importance fondamentale. La plupart des calculs donnés dans cet Ouvrage impliquent cette connaissance préalable. Les traités de Physique et de Photographie étant d'une insuffisance extrême sur cette question, constructeurs et opérateurs se contentent des approximations les plus grossières. Sur plusieurs douzaines d'objectifs doubles que ai eu occasion d'examiner, je n'en ai pas encore rencontré un seul dont le foyer fût conforme aux indications du prospectus. Ce dernier indiquait le plus souvent et généralement assez mal le foyer principal à partir de la lentille postérieure, ce qui est absolument dépourvu d'intérêt et ne permet aucun calcul. Ce qu'il importe de connaître, c'est la longueur

focale à partir du centre optique, lequel est situé au centre
de la lentille dans les objectifs simples, entre les deux
lentilles, à peu près à la place du diaphragme, pour les objectifs doubles.

Chacun sait qu'à partir d'une certaine distance de l'objectif,
tous les objets situés au delà de cette distance forment sensiblement leur image sur un même plan, et que la distance
de ce plan au centre optique, c'est-à-dire la longueur focale
principale, est invariable pour chaque objectif. On sait également que, lorsque l'objet se rapproche de l'objectif, il forme
son image à des distances variables, et par conséquent que la
longueur du foyer dit conjugué varie constamment. On peut
donc dire d'une façon générale que, pour un objectif donné,
la longueur du foyer est une grandeur invariable lorsque l'objectif sert à reproduire des objets situés au delà d'une certaine distance, que cette longueur de foyer est, au contraire,
une grandeur constamment variable quand les objets à reproduire sont en deçà de cette distance.

La connaissance du foyer conjugué ne présente d'intérêt,
en Photographie, que pour connaître, en cas de grandisse-
ment, le tirage à donner à la chambre noire et la distance à
laquelle il faut l'éloigner de l'objet. Nous nous occuperons
des moyens de le déterminer dans un autre Paragraphe, et ne
recherchons dans celui-ci que les moyens pratiques de déterminer la longueur du foyer principal.

La détermination du foyer principal des lentilles simples
est facile, puisqu'il suffit, lorsqu'on a mis au point un objet
situé à quelques centaines de mètres de la lentille, de mesurer la distance comprise entre cette dernière et la glace
dépolie, puis d'ajouter au chiffre ainsi obtenu la moitié de
l'épaisseur de la lentille; mais la détermination du foyer des
objectifs doubles, les plus employés aujourd'hui en Photographie, exige une opération fort différente.

Plusieurs méthodes permettent de déterminer le foyer principal d'un objectif double. Nous en indiquerons un certain

nombre afin que le lecteur puisse au besoin les vérifier l'une par l'autre. Nous nous bornerons à les exposer sans développements théoriques.

1° Mettre au point sur la glace dépolie un objet quelconque, une gravure, une feuille de papier quadrillé, etc., en se rapprochant suffisamment pour que l'image de l'objet sur la glace dépolie ait exactement les mêmes dimensions que l'objet. Le quart de la distance comprise entre l'objet et la glace dépolie représente la longueur focale principale.

Cette méthode, la seule qui soit indiquée dans le *Traité de Photographie* de Monckhoven et les divers Ouvrages classiques, se trouve précisément être la plus mauvaise de toutes et justement celle dont il est à peu près impossible de faire usage.

En premier lieu, il faut beaucoup de temps pour arriver à placer convenablement la chambre noire ; en second lieu, et cet inconvénient est tout à fait irrémédiable, aucune des chambres photographiques de voyage n'a un tirage suffisant pour que l'on puisse reproduire un objet à grandeur égale. Avec un objectif de 0^m,30 de foyer, par exemple, longueur dont s'écartent peu les instruments employés pour demi-plaques, le tirage doit être de 0^m,60, alors que le tirage des chambres noires dépasse rarement 0^m,40 à 0^m,50. Cette méthode doit donc être rejetée entièrement.

2° Mettre au point, sur la glace dépolie, un objet de grandeur connue, un mètre ou une carte de géographie, par exemple, et se reculer à une distance telle que l'objet soit réduit dans une proportion quelconque, mais pas trop considérable, de 4 à 10 fois par exemple. Pour connaître le foyer, il suffit alors de mesurer la distance horizontale qui sépare l'objet reproduit du centre optique de l'objectif, c'est-à-dire de la place où se trouve le diaphragme, et diviser ce nombre par le chiffre exprimant la réduction plus 1. Si donc on appelle f le foyer cherché,

D la distance de l'objet au centre optique, n le coefficient de réduction, on a $f = \dfrac{D}{n-1}$.

Supposons, par exemple, qu'on ait réduit à $0^m,25$, c'est-à-dire de 4 fois une carte ayant 1^m de côté, et qu'on trouve pour distance entre la carte et la place où est le diaphragme $1^m,40$, on aura alors pour le foyer f

$$f = \frac{1^m,40}{4+1} = 0,28.$$

L'opération que nous venons d'indiquer est, comme on le voit, très facile, puisqu'elle se borne à placer la chambre noire à une distance quelconque, pourvu qu'elle ne soit ni trop grande ni trop petite, d'un objet de grandeur connue et mesurer 1° la distance de l'objectif à l'objet, 2° la hauteur de ce dernier sur la glace dépolie. Le coefficient de réduction ne sera pas le plus souvent un nombre entier, mais cela ne complique pas le calcul. Supposons que l'objet ait 1^m de hauteur et son image $0^m,097$. Le coefficient de réduction sera évidemment $\dfrac{1000}{97} = 10,30$. Ajoutant l'unité à ce nombre, d'après les indications de la formule, nous aurons 11,30. Il n'y aura plus qu'à diviser par ce chiffre la distance à l'objet pour avoir le foyer.

Le moyen que nous venons d'indiquer pour mesurer le foyer principal d'un objectif est le plus simple de tous ceux indiqués dans ce Chapitre et par conséquent celui que nous conseillons d'employer.

3° Lorsqu'on a devant soi, à une distance suffisante pour que les objets forment leur image au foyer principal, un édifice de dimension connue, clocher, maison, etc., situé à une distance également connue, rien n'est plus facile que de déterminer le foyer de l'objectif. Si l'on appelle f le foyer cherché, H la hauteur de l'édifice, h sa hauteur sur la glace dépolie,

D la distance du centre optique de l'objectif à l'édifice, on a

$$f = \frac{D}{H} \times h.$$

Malheureusement on ne connait jamais bien exactement la hauteur d'un monument, alors qu'il est très facile de mesurer sa largeur avec une roulette métrique de 25^m, qu'on trouve partout pour 2^{fr},50. Il est donc bien préférable d'introduire dans la formule précédente, à la place de H, la largeur du monument. C'est précisément cette méthode que j'emploie souvent pour mesurer le foyer de mes objectifs. J'utilise comme objet de dimension connue un intervalle de 12^m, qui se trouve entre deux maisons situées en face de l'une de mes fenêtres. L'erreur commise sur la mesure du foyer ne dépasse jamais 0^m,001. La seule précaution à observer, précaution tout à fait indispensable d'ailleurs, est de rendre, par le moyen indiqué dans un autre Chapitre, la glace dépolie parallèle au monument. L'opération est fort simple avec une glace dépolie divisée. Si l'on n'en a pas à sa disposition, on peut à la rigueur s'en passer en faisant tourner la chambre sur son axe sans toucher au pied, jusqu'à ce que l'image du monument ait le maximum de largeur. On fait aisément varier cette largeur de plusieurs millimètres par une très faible rotation de l'appareil.

Le moyen qui précède sera toujours le plus rapide de ceux que l'on pourra employer, lorsqu'on se trouvera dans les conditions que je viens d'indiquer, c'est-à-dire en présence d'un édifice de dimensions connues, situé à une distance connue. L'édifice doit être, bien entendu, à une distance suffisante pour que son image se forme au foyer principal de l'objectif. On devra le mettre au point sans se servir de diaphragme. On n'ajoutera ce dernier qu'après la mise au point pour assurer la netteté des bords de l'image.

4° Lorsqu'on possède un objectif simple de foyer connu, foyer très facile à trouver et qui est généralement du reste indiqué assez exactement sur la tranche de la lentille, cet objectif peut, par la comparaison des images qu'il fournit avec celles que donne un objectif double quelconque, faire connaître le foyer de ce dernier. Soit f le foyer connu d'un objectif et A la grandeur de l'image formée sur la glace dépolie par un objet de dimension quelconque, f' le foyer inconnu d'un autre objectif, et A' la grandeur de l'image formée à la même distance par le même objet; on a

$$\frac{f}{A} = \frac{f'}{A'}, \qquad \text{d'où} \qquad f' = \frac{fA'}{A}.$$

Supposons, par exemple, qu'avec un objectif simple de $0^m,10$ de foyer, un objet de dimension quelconque inconnu placé à une distance quelconque également inconnue donne sur la glace dépolie une image de $0^m,15$ de hauteur, on demande quel est le foyer d'un objectif double qui, placé à la même distance de l'objet, donne une image de $0^m,20$. Appliquant la formule précédente, nous avons

$$f' = \frac{10 \times 20}{15} = 0^m,133.$$

5° On peut encore déterminer le foyer principal par la méthode suivante, que nous n'indiquons que pour mémoire, parce qu'elle est bien moins pratique que les précédentes, et n'est utilement applicable que si l'on possède une chambre noire munie d'une glace dépolie graduée et d'un niveau permettant de la mettre bien horizontalement.

Sur la ligne d'horizon et à partir de la projection de l'axe optique sur la glace dépolie, déterminé comme il est dit dans une autre Partie de cet Ouvrage, on mesure en millimètres la distance linéaire comprise entre le bord d'un objet, une maison, par exemple, amené sur le zéro des graduations de la glace et l'extrémité de cet objet. Cette distance linéaire correspond à un angle a qu'il est facile de mesurer directement. Si l'on

appelle *f* le foyer cherché et *n* la longueur mesurée, α l'angle
de visée correspondant à cette longueur, on a, d'après des
relations trigonométriques connues,

$$f = n \times \cot \alpha.$$

*Détermination de la distance à partir de laquelle tous
les objets forment leur image au foyer principal d'un
objectif.* — Chacun sait qu'à mesure qu'on se rapproche
d'un objet à reproduire, le foyer conjugué de l'objectif se
forme de plus en plus loin du centre optique et par conséquent que le tirage de la chambre noire doit être de plus en
plus considérable. A mesure qu'on s'éloigne de l'objet à reproduire, il faut, au contraire, raccourcir le tirage, et bientôt il
arrive un moment où tous les objets, quelle que soit leur
distance, forment leur image sur le même plan. Il n'y a plus
alors à modifier le tirage de la chambre noire. Arrivé à cette
limite, le foyer conjugué s'est sensiblement confondu avec
le foyer principal. En pratique, la distance à laquelle tous
les objets se trouvent au point pour un objectif donné, est
donc celle où les différences de longueur entre le foyer
conjugué et le foyer principal sont trop faibles pour être
perceptibles.

Cette distance, à partir de laquelle les objets forment tous
leur image au foyer principal, dépend d'une part du foyer de
l'objectif, et de l'autre du diamètre du diaphragme employé.
En se basant sur ce que, au-dessous d'un certain diamètre,
les cercles de diffusion n'ont plus de dimensions appréciables
à l'œil nu, Dallmeyer a calculé les distances à partir desquelles tous les objets sont au point pour un foyer et un
diaphragme donnés. Le Tableau suivant, dans lequel les diaphragmes sont exprimés en fonctions du foyer, montre que
cette distance varie beaucoup pour un même objectif avec
l'ouverture de ce diaphragme. Il fait comprendre aussi pourquoi nous avons recommandé de ne jamais employer de

diaphragme lorsqu'on veut déterminer le foyer d'un objectif.

OUVERTURE DES DIAPHRAGMES EN FONCTION DU FOYER f.	DISTANCE FOCALE PRINCIPALE DES LENTILLES EXPRIMÉE EN CENTIMÈTRES				
	10ᶜ	15ᶜ	20ᶜ	25ᶜ	30ᶜ
	Distance approximative exprimée en mètres au delà de laquelle les objets sont tous au point.				
$\frac{f}{5}$	9ᵐ	18ᵐ	32ᵐ	50ᵐ	72ᵐ
$\frac{f}{10}$	4	9	16	23	33
$\frac{f}{20}$	2	5	8	13	18
$\frac{f}{40}$	1	3	4	7	9

Nous avons exprimé les distances en mètres, négligeant les décimales. Les nombres que nous donnons suffisent pour montrer que les distances à partir desquelles les objets sont tous au point croissent proportionnellement au carré de la longueur focale de la lentille. La Table précédente montre également que, par le seul fait qu'on ajoute un diaphragme à l'objectif, on peut rapprocher beaucoup la chambre noire de l'objet sans que ce dernier cesse d'être au point.

2. — ...ul du foyer conjugué.
Applications à l'agrandissement et à la réduction d'objets à une échelle déterminée.

Détermination de la distance à laquelle il faut placer la chambre noire pour réduire ou agrandir à une échelle déterminée des objets rapprochés.—Nous donnons dans une autre Partie de cet Ouvrage une formule qui permet de déterminer la dimension des images en fonction de leur distance à l'objectif et du foyer principal de ce dernier; mais nous avons supposé, ce qui est d'ailleurs le cas général, qu'on se trouvait à une distance suffisante des objets à reproduire pour que les images se forment toujours au foyer principal. La longueur du foyer entre alors dans la formule pour une valeur constante, quelle que soit la distance. Dans le cas de réduction ou d'agrandissement d'objets rapprochés, les images ne se formant plus au foyer principal, la longueur du foyer conjugué varie suivant la distance, et la formule doit tenir compte de cette variation du foyer dont on n'a pas à s'occuper quand les objets sont suffisamment éloignés.

Lorsqu'on veut reproduire à une échelle déterminée un objet rapproché : bas-relief, inscription, carte géographique, etc., trois cas peuvent se présenter : 1° on veut réduire l'objet dans une proportion déterminée; 2° on veut le reproduire à dimensions égales; 3° on veut l'agrandir.

Nous allons examiner successivement ces trois cas. Leur solution n'implique que des calculs d'une simplicité extrême. Ils éviteront aux photographes qui voudront les appliquer des tâtonnements fort longs.

1° *Réduction des objets.* — Notre formule simplifiée des lentilles photographiques exposée plus loin, $\dfrac{H}{h} = \dfrac{D}{d}$, d'où l'on tire $D = \dfrac{H}{h} \times d$, nous permettra de calculer la distance à laquelle l'objectif doit se trouver d'un objet qu'on veut réduire à une échelle déterminée, à condition que nous y introduirons la valeur variable du foyer d. d ne représente plus maintenant en effet le foyer principal, valeur invariable, mais bien le foyer conjugué, valeur variable.

Si l'on appelle n le coefficient de réduction d'une image, c'est-à-dire le nombre de fois qu'elle est réduite, d le foyer principal, f' le foyer conjugué, l'équation générale des lentilles montre aisément qu'on a pour le foyer conjugué $f' = d + \dfrac{d}{n}$.

Mais, dans la relation donnée plus haut, le rapport $\dfrac{H}{h}$ représente précisément ce coefficient de réduction n de l'image : on voit donc aisément que l'équation $D = \dfrac{H}{h} d$ devient, en y substituant les valeurs de $\dfrac{H}{h}$ et de d, $D = n \left(d + \dfrac{d}{n} \right)$ qu'on peut écrire $D = (n + 1) d$.

Traduisant en langage ordinaire la formule qui précède, nous voyons que :

Pour connaître la distance devant exister entre le centre optique d'un objectif (¹) *et un objet, pour que cet objet soit réduit à une échelle déterminée, il n'y a qu'à ajouter l'unité au nombre de fois qu'on veut réduire, et multiplier le chiffre ainsi obtenu par la longueur focale principale.*

Cette formule est très facile à retenir, puisqu'elle revient à dire que pour réduire 3 fois, 4 fois, 5 fois, ..., n fois une objet, il faut se placer à 4 fois, 5 fois, 6 fois, ..., $(n + 1)$ la *distance focale principale.*

Soit, comme application de ce qui précède, à réduire une inscription exactement au quart avec un objectif de $0^m,28$ de foyer. Appliquant la formule précédente, on aura pour la distance D, à laquelle le centre optique de l'objectif doit se trouver de l'inscription,

$$D = (4 + 1) \times 0,28 = 1^m,40.$$

Si le coefficient de réduction, au lieu d'être un nombre entier, comprenait une partie fractionnaire, le calcul serait, bien entendu, exactement le même. C'est naturellement à la

---

(¹) Je rappelle que dans les objectifs doubles ce centre optique doit être compté à partir de l'endroit où se placent les diaphragmes.

partie entière du nombre qu'on ajouterait l'unité. Soit, je suppose, une carte de 1ᵐ de côté que nous voulons réduire à 0ᵐ,097, avec un foyer de 0ᵐ,28. Le coefficient de réduction est $\frac{1000}{97} = 10,30$. Recherchant avec la formule précédente la distance à laquelle nous devons nous placer, nous aurons $D = (10,30 + 1) \times 0,28 = 3ᵐ,16$.

2° *Reproduction des objets à grandeur égale.* — Les formules précédentes montrent aisément que pour reproduire un objet à grandeur égale, il faut que le centre optique soit à une distance de l'objet égale au double de la longueur focale principale. Le tirage de la chambre noire aura exactement la même longueur.

Soit donc à reproduire à grandeur égale un fragment de carte avec un objectif de 0ᵐ,30 de foyer. Le centre optique de l'objectif devra être à $0ᵐ,30 \times 2 = 0ᵐ,60$ de la carte, et le tirage de la chambre noire devra être également 0ᵐ,60.

3° *Agrandissement des objets à une échelle déterminée. Calcul de la distance et du tirage de la chambre noire.* — L'agrandissement d'une photographie, d'une carte, d'un objet quelconque peut s'exécuter très facilement à la chambre noire, sans aucun des appareils compliqués qu'on trouve encore dans le commerce. La seule difficulté est que ces agrandissements nécessitent des chambres assez volumineuses, si l'on veut reproduire l'ensemble de la photographie (*). Si, comme cela est plus fréquent, on veut simplement agrandir une portion de photographie, pour rendre

---

(*) Dans ce cas d'agrandissement de toute une photographie, il serait préférable d'employer des appareils à projection éclairés par une lampe au pétrole, tels que ceux que construit M. Molteni. Je leur fais cependant le grave reproche de ne pouvoir recevoir que les petits clichés quart de plaque, alors que les voyageurs font le plus souvent usage de glaces ayant $0ᵐ,13 \times 0ᵐ,18$ ou $0ᵐ,15 \times 0ᵐ,21$ de dimension.

visible un détail d'architecture ou une inscription, une chambre noire ordinaire suffit parfaitement. Elle possède assez de tirage, à condition de faire usage d'objectifs de foyer très court. Les résultats qu'on obtient en agrandissant ainsi directement par transparence à la chambre noire une portion de cliché sont excellents. J'ai eu souvent à appliquer cette méthode pour les planches de mes Ouvrages. C'est ainsi, par exemple, que le joli vitrail arabe avec inscriptions, qui figure sur la première page de mon *Histoire de la Civilisation des Arabes*, est le résultat de l'agrandissement d'une portion de cliché que j'avais pris à Damas, dans l'intérieur d'un harem, où je n'avais pu séjourner que quelques minutes. La grande inscription arabe qui se trouve sur la planche en couleur de la mosquée d'Omar, à Jérusalem, dans le même Ouvrage, a été obtenue par le même procédé. C'est une méthode extrêmement féconde, d'un emploi très facile et trop peu pratiquée.

Il est bien évident que les agrandissements constituent des opérations de laboratoire, qui doivent être exécutées au retour d'un voyage, alors que l'opérateur a le temps nécessaire devant lui.

Quand on veut agrandir à une échelle quelconque une photographie ou une portion de photographie, on doit rechercher non seulement à quelle distance l'objectif devra être placé de l'objet, mais en outre quelle devra être la longueur du foyer conjugué, c'est-à-dire le tirage de la chambre noire, afin de savoir d'avance si la chambre que l'on possède a un tirage suffisant. S'il résulte du calcul que le tirage n'est pas suffisant pour un agrandissement et un objectif donnés, on sait aussitôt, sans tâtonnements, qu'il faudra employer un objectif de foyer plus court.

Voici maintenant quelles sont les formules à employer pour déterminer d'abord la longueur du foyer conjugué, c'est-à-dire le tirage de la chambre noire, puis l'éloignement de l'objectif de l'objet à grandir. Si l'on appelle f' le foyer conjugué, d le foyer principal, n le nombre de fois qu'on veut agrandir, on a pour la longueur du foyer conjugué et par conséquent pour le tirage que devra avoir la chambre noire,

$$f' = (n + 1)d.$$

Si l'on appelle D la distance à laquelle l'objectif doit se trouver de l'objet à reproduire, f' la longueur focale conjuguée déterminée par la formule précédente, n le nombre de fois qu'on veut agrandir, on a

$$D = \frac{f'}{n}.$$

Supposons, pour fixer les idées, que nous voulions agrandir 4 fois une photographie avec un objectif de 0^m,10 de foyer, nous aurons d'abord pour la longueur du foyer conjugué, et par conséquent pour le tirage de la chambre noire,

$$f' = (4 + 1) \times 0^m,10 = 0^m,50.$$

La distance D, entre l'objet à reproduire et le centre optique, sera

$$D = \frac{0^m,50}{4} = 0^m,125.$$

Si nous avions voulu faire le même agrandissement avec un objectif de 0^m,30 de foyer, il aurait fallu donner à la chambre noire 1^m,40 de tirage. On voit donc que prendre un objectif de foyer plus court pour les agrandissements revient à réduire le tirage de la chambre noire.

Comme résumé de ce qui précède, nous pouvons dire que *pour agrandir un objet à une échelle déterminée, il faut donner à la chambre noire un tirage égal à la longueur du foyer principal de l'objectif multipliée par le nombre de fois plus 1 qu'on veut agrandir.*

Pour connaître la distance de l'objet à agrandir au centre optique de l'objectif, il n'y a qu'à diviser la longueur obtenue dans l'opération précédente par le nombre de fois qu'on veut agrandir.

CHAPITRE IV.

DÉTERMINATION DE LA GRANDEUR DES OBJETS D'APRÈS LEURS DIMENSIONS APPARENTES SUR LA GLACE DÉPOLIE.

1. — Établissement des formules.

Les cas pouvant se présenter dans la pratique étant très variés, nous avons recours dans cet Ouvrage à trois méthodes fort différentes au premier abord, — très parentes en réalité, — pour déduire les dimensions réelles des objets de leurs dimensions apparentes. La première, fondée sur des relations géométriques élémentaires, fait connaître les rapports existant entre les dimensions apparentes des objets sur la glace dépolie de la chambre noire et leurs dimensions réelles. La seconde, fondée sur les lois de la perspective permet de déduire les formes réelles des objets de leurs formes photographiques. La troisième, basée sur les relations trigonométriques existant entre les angles et les côtés des triangles rectangles, est destinée à être appliquée seulement pour les objets ne valant pas la peine d'être photographiés, ou dont on ne veut photographier qu'une partie. C'est à la première de ces trois méthodes que va être consacré ce Chapitre.

Les diverses formules dont nous ferons usage pour les problèmes que l'on peut résoudre avec la chambre noire sont, pour la plupart, à la portée de toute personne sachant faire une multiplication et une division. Elles dérivent des formules générales des lentilles, mais sont beaucoup plus simples, parce que, au lieu d'y introduire la longueur focale conjuguée, valeur variable qu'il faut exprimer en fonction de la distance, nous ne faisons usage que de la longueur focale principale, valeur constante pour chaque objectif, et la seule qu'il soit nécessaire de faire intervenir dans le cas de reproduction d'objets éloignés, c'est-à-dire précisément dans les cas de photographie de monuments auxquels sont destinées nos formules. Les photographes qui voudront bien s'habituer à en faire usage arriveront rapidement à ne pouvoir s'en passer.

La première de ces formules est celle nécessaire pour déterminer les dimensions d'un monument sur lequel on a appliqué un mètre ou mesuré une grandeur quelconque. C'est celle dont le photographe aura à faire le plus souvent usage. Elle est de beaucoup la plus simple, puisqu'elle ne nécessite même pas la connaissance du foyer de l'objectif, et en même temps la plus sûre, puisque l'appareil photographique ayant enregistré la mesure qui sert de base au calcul, la vérification de ce calcul est toujours possible.

Soit H (*fig.* 8) la hauteur totale d'un monument, H' une hauteur quelconque prise sur ce monument ou appliquée sur lui, h et h' les hauteurs réciproques de H et H' sur la glace dépolie de la chambre noire. En vertu des propriétés bien connues des triangles semblables, on a

$$\frac{H}{H'} = \frac{h}{h'},$$

d'où

(1) $$H = H' \times \frac{h}{h'}.$$

Connaissant la hauteur H, on a tout ce qu'il faut pour déterminer les dimensions des diverses parties de l'édifice dans

Fig. 8.

le plan duquel la mesure avait été placée, et notamment sa largeur, si l'on a eu soin de se placer parallèlement à la surface à mesurer en employant les moyens indiqués ailleurs.

Si la mesure H' appliquée sur le monument est exactement un mètre, l'opération précédente se réduit à diviser h par h' pour avoir la dimension du monument H exprimée en mètres.

L'examen de la formule précédente montre que le rapport entre la grandeur de l'objet de dimension connue H' et son image h' donne l'échelle de réduction. Appelant E cette échelle, nous avons

$$E = \frac{h'}{H'}.$$

L'application d'un mètre ou d'une mesure quelconque sur un monument est le moyen que nous recommandons de préférence parmi tous ceux qui sont indiqués dans cet Ouvrage pour mesurer les monuments. Il a cet avantage immense de rendre toute erreur impossible. La photographie porte sur elle son échelle. Sans doute, comme nous le verrons ailleurs, les grandeurs à mesurer peuvent être calculées autrement; mais si l'on n'est pas parfaitement familiarisé avec la théorie des lentilles et les lois de la perspective photographique, on peut s'exposer à de grosses erreurs.

Pour montrer immédiatement les erreurs qu'on peut commettre, il suffira de dire, — ce que je démontrerai dans le Chapitre V consacré à la perspective photographique, — que si, étant devant un monument AB, on veut appliquer les

Fig. 9.

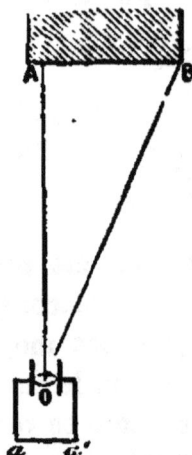

formules qui vont suivre, à déterminer soit la hauteur d'un monument, connaissant sa distance à l'objectif, soit la distance de l'objectif au monument, connaissant la hauteur de ce dernier, on ne réussira que si la glace dépolie aa' est parfaitement parallèle à AB. Dans ces conditions, la hauteur du monument sur la glace dépolie, hauteur prise indistinctement en face de A ou de B, permettra de calculer AO; mais si la glace n'est pas parallèle à AB, on aura, au lieu de la longueur AO, une distance quelconque comprise entre AO et BO suivant l'angle que fera l'axe optique de l'appareil avec AB. Si c'est la hauteur inconnue du monument qu'on veut déduire de la distance connue OA, on aura encore des

chiffres très variables si l'appareil, au lieu d'être parallèle
au monument, a simplement tourné sur son axe, alors même
qu'il n'aurait ni avancé ni reculé. Le pied d'un appareil
étant invariablement fixé, il suffit pour faire varier la hauteur
d'une image de près d'un dixième avec un objectif de $0^m,20$
de foyer placé à une trentaine de mètres, de faire tourner
la chambre noire de quelques degrés sur son axe. Avec un
objectif de $0^m,28$ de foyer, un monument de $19^m,30$ placé à une
trentaine de mètres peut avoir, simplement en faisant légè-
rement tourner la chambre sur son axe, des hauteurs comprises entre $0^m,183$ et $0^m,198$ sur la glace dépolie. Si l'on
cherchait à déduire la distance au monument de ces chiffres,
on obtiendrait $29^m,53$ avec le premier nombre, et $27^m,30$ avec
le second. Si c'était, au contraire, la hauteur qu'on eût voulu
déduire de la distance connue, on eût obtenu, avec les
chiffres précédents, $18^m,79$ et $20^m,33$, au lieu de $19^m,30$ hauteur réelle.

Le lecteur, familier avec les explications données dans
notre Chapitre sur la perspective, et qui aura appris, suivant
la méthode que nous avons indiquée, à bien mettre son appareil parallèle à la façade d'un monument, ne sera pas exposé
à commettre de telles erreurs. Il était nécessaire de les
signaler dès maintenant, pour bien montrer la nécessité
d'approfondir les principes exposés dans d'autres Chapitres
de cet Ouvrage. Avec la méthode du mètre appliqué verticalement contre le monument, aucune des erreurs que je
viens d'indiquer n'est possible, quelle que soit la maladresse
ou l'ignorance de l'opérateur. Elle est à la portée du photographe le plus inexpérimenté, et le met à l'abri de toute
distraction et de toute erreur. C'est pourquoi, je le répète,
elle doit toujours être préférée.

Il peut arriver cependant qu'on ne puisse ou qu'on ne
veuille appliquer aucune mesure sur un monument. La Photographie fournit de telles ressources qu'on peut, à la rigueur,
se passer de ce précieux moyen de contrôle. Les formules

qui vont suivre permettent non seulement de calculer les dimensions d'un monument sans appliquer à sa surface aucune mesure, mais encore de savoir à quelle distance il faut se placer de lui pour qu'il soit compris dans les limites de la glace dépolie ou réduit à une échelle déterminée.

Désignons par d la distance focale principale d'un objectif, — la seule à considérer, quand il s'agit de la reproduction d'objets éloignés, tels que les monuments, — par D la distance de l'objectif à l'objet à reproduire, par H la hauteur de cet objet et par h sa hauteur sur la glace dépolie, les propriétés bien connues des triangles permettent d'établir la relation suivante :

$$(2) \qquad \frac{D}{d} = \frac{H}{h}.$$

De cette relation fondamentale on tire

$$(3) \qquad H = D \times \frac{h}{d},$$

$$(4) \qquad h = d \times \frac{H}{D},$$

$$(5) \qquad d = h \times \frac{D}{H},$$

$$(6) \qquad D = H \times \frac{d}{h}.$$

La formule (3) permet de calculer la hauteur d'un édifice, connaissant sa distance à l'objectif, la hauteur de son image sur la glace dépolie et le foyer de l'objectif.

La formule (4) nous donne immédiatement la hauteur qu'occupera sur la glace dépolie, pour un foyer donné, un objet de hauteur connue placé à une distance connue.

La formule (5) nous permet de déduire le foyer principal d'un objectif de sa distance à un objet de hauteur connue placé à une distance connue.

La formule (6) nous permet de calculer la distance à la-

quelle on se trouve d'objets de hauteur connue, connaissant
la hauteur de leur image sur la glace dépolie et le foyer de
l'objectif. Elle nous dit aussi à quelle distance il faut nous
placer d'un monument pour qu'il occupe sur la glace dépolie
une dimension déterminée.

La formule (3), qui donne la hauteur d'un monument, est
celle dont l'usage est le plus fréquent. Grâce à elle, il suffit
de savoir à quelle distance on s'est mis d'un objet pour le
photographier, et quel était le foyer de l'objectif employé
pour connaître ses dimensions.

Toutes les formules précédentes supposent que le monument qu'on veut mesurer est accessible; mais une rivière, un

Fig. 10.

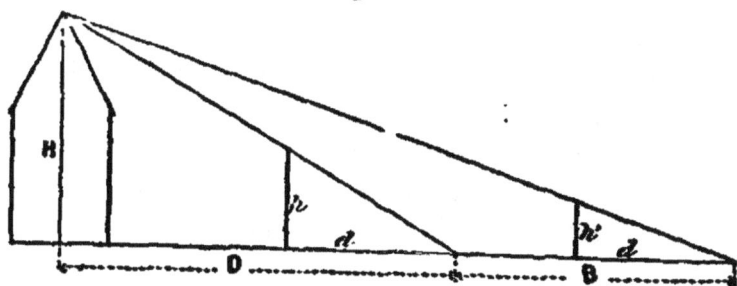

fossé, une barrière peuvent nous en séparer. L'appareil photographique pourra encore, dans ce cas, servir à déterminer
la grandeur du monument, à la simple condition qu'on puisse
s'avancer ou se reculer assez pour voir la hauteur qu'il occupe
sur la glace dépolie en deux stations différentes. Soit D la
distance inconnue à laquelle on se trouve d'abord du monument H, h la hauteur du monument sur la glace dépolie, d la
longueur focale principale de l'objectif — longueur identique
dans les deux stations, — B la distance connue dont on s'est
reculé, h' la hauteur de l'image sur la glace dépolie à l'extrémité de la seconde station. Si l'on examine la *fig.* 10, dont
j'ai simplifié la construction pour rendre la démonstration
plus facile, on voit clairement qu'on a, en considérant succes-

sivement les deux triangles ayant pour côté commun H, et pour bases, le premier D et le second D + B, les relations suivantes :

$$\frac{D}{H} = \frac{d}{h} \quad \text{et} \quad \frac{D - B}{H} = \frac{d}{h'}.$$

En divisant la seconde équation par la première pour éliminer H et d, et résolvant par rapport à D, on a

(7) $$D = B \times \frac{h'}{h - h'}.$$

La distance inconnue D, à laquelle on se trouvait du monument à la première station, étant connue, la hauteur H est déterminée par l'emploi de la formule (3), c'est-à-dire $H = D \frac{h}{d}$.

La formule (7) est également celle qu'il faudrait employer dans le cas d'édifices dont le sommet à mesurer est situé dans un plan dont la base est inaccessible, par exemple une pyramide, une tour à toit conique entourée de murs, etc.

Dans tous les cas analogues aux derniers que je viens de citer, c'est-à-dire quand la base du plan à mesurer est invi-

Fig. 11.

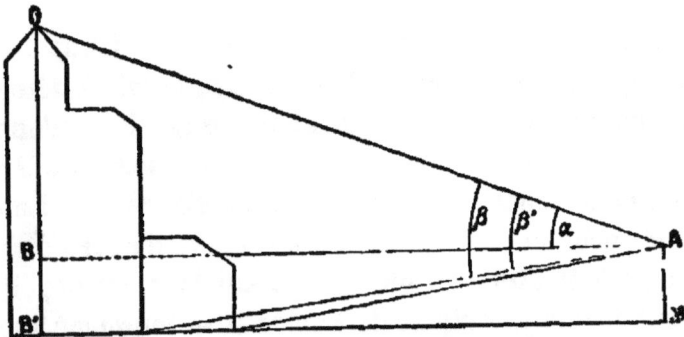

sible, l'appareil doit être mis parfaitement horizontal avec son niveau. L'angle mesuré est alors l'angle que fait avec l'horizontale la ligne de visée allant au sommet de l'objet considéré. Il faut ajouter ensuite à la hauteur trouvée par le

calcul la hauteur du centre de l'appareil photographique au-
dessus du sol.

La *fig.* 11 fait immédiatement comprendre l'explication qui
précède. L'appareil étant placé en **A**, à une certaine hauteur
au-dessus du sol, on voit aisément que l'angle α est indé-
pendant des constructions du premier plan, si l'on a soin de
viser au-dessus d'une ligne horizontale, alors que, si l'on vise la
base des premiers plans, on obtiendrait des angles β, β' variables suivant l'avancement de ces plans et desquels on ne
peut nullement déduire OB. La même figure montre également pourquoi, l'opération terminée, il faut ajouter au chiffre
la hauteur AM = BB' de l'appareil au-dessus du sol pour avoir
OB' hauteur cherchée.

2. — Applications pratiques des formules précédentes.

Pour montrer combien est facile l'application des formules
exposées dans le Paragraphe précédent, nous allons donner
quelques exemples d'applications numériques aux cas qui
peuvent se présenter le plus fréquemment.

*Déterminer les dimensions d'un monument dont on a
mesuré une partie.* — Nous trouvant en face d'un monument, sur lequel nous ne trouvons pas une place convenable
pour appliquer un mètre, nous mesurons exactement avec un
ruban métrique la longueur d'une portion de sa base comprise
entre deux points faciles à reconnaître, par exemple la distance du bord droit de la porte d'entrée au bord gauche de la
dernière fenêtre du rez-de-chaussée, distance que nous trouvons égale, je suppose, à 12^m,04. Plaçant l'appareil photographique à une distance quelconque, en nous assujettissant
seulement à le rendre bien parallèle au monument, en suivant
les règles que nous avons indiquées, nous trouvons que la
partie mesurée occupe 0^m,020 sur la glace dépolie, alors
que la hauteur totale de cette façade y occupe 0^m,039, on

demande la hauteur vraie de la façade. Appliquant la formule

$$H = H' \times \frac{h}{h'},$$

nous avons

$$H = 12^m,04 \times \frac{39}{20} = 20^m,48.$$

Déterminer l'échelle de réduction des divers plans d'une photographie. — Les divers plans d'une photographie subissent, conformément aux lois de la perspective, des réductions fort différentes sur la glace dépolie. Quand il s'agit d'une surface plane, telle qu'une carte, une façade rectangulaire par exemple, nous pouvons bien dire que cette surface est réduite à une échelle déterminée, au centième par exemple, parce que toutes les parties parallèles à la glace dépolie sont réduites dans le même rapport; mais, quand il s'agit d'un monument dont plusieurs plans sont visibles sur la photographie, on ne peut dire évidemment que le monument est réduit à une échelle déterminée, puisque cette échelle varie avec chaque plan : il faut donc indiquer l'échelle de chacun de ces plans. Nous avons vu comment l'échelle d'un premier plan, supposé une surface plane, se détermine par l'application d'un mètre ou d'une mesure quelconque sur cette surface; nous verrons dans le Chapitre consacré à la perspective comment la valeur de ce mètre en divers plans se détermine par des constructions géométriques opérées sur les fuyantes. Ces constructions sont inutiles si l'on a pu appliquer plusieurs mètres dans les différents plans, où se trouvent les objets intéressants, colonnes, statues, etc., à mesurer.

Connaissant aussi la valeur du mètre dans un plan quelconque, l'échelle E de réduction de ce plan est immédiatement déterminée par la formule donnée plus haut

$$E = \frac{h'}{H}.$$

Supposons, par exemple, qu'on sache que la corniche d'une fenêtre d'un monument, située dans un plan quelconque, est à $3^m,30$ au-dessus du sol, et que cette même corniche soit sur la photographie à une hauteur de $0^m,033$. Appliquant la formule précédente, en ayant soin d'exprimer toutes les grandeurs dans la même unité, c'est-à-dire en millimètres, nous aurons

$$E = \frac{33^{mm}}{3300^{mm}} = 0^m,01;$$

l'échelle de réduction de cette portion de la photographie est donc de $0^m,01$ pour 1^m.

Déterminer la hauteur d'un monument, connaissant la distance qui le sépare de l'objectif. — Nous trouvant à 25^m de la façade d'un monument, nous voyons qu'elle occupe sur la glace dépolie une hauteur de $0^m,140$. Le foyer de l'objectif est $0^m,280$. On demande la hauteur du monument. Appliquant la formule (3)

$$H = D \times \frac{h}{d},$$

nous avons

$$H = 25 \times \frac{140}{280} = 12^m,50.$$

Cette formule étant très usuelle, on peut la retenir facilement. Il suffit de se rappeler qu'on trouve la hauteur d'un monument, en divisant sa hauteur apparente sur la glace dépolie par son foyer, et multipliant le produit par la distance à laquelle on est du monument.

Cette formule ne s'applique évidemment qu'au premier plan d'un édifice. Elle n'est applicable à ses divers plans que si l'on connaît la distance à chacun de ces plans. Il est visible en effet que de la distance AB (*fig.* 12) nous ne pourrons déduire que BC, et non ON. Si, au lieu de déterminer BC, nous voulons déterminer ON, il faut mesurer OA, c'est-à-dire ajouter OB à BA. BA est facile à mesurer, mais OB n'étant pas accessible, est moins facilement mesurable. On trouve presque toujours cependant une partie latérale de l'édifice qui permet, en mesurant l'espace compris entre deux lignes parallèles passant approximativement par O et B, de déter-

Fig. 12.

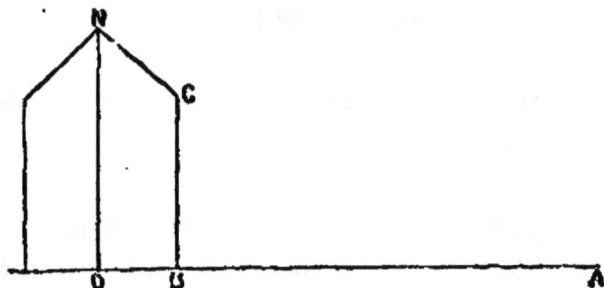

miner la longueur de OB. Le cas de monuments à centre complètement inaccessible et invisible est d'ailleurs traité plus loin.

Déterminer la hauteur qu'occupera sur la glace dépolie un monument de dimension connue dont on est placé à une distance connue. — Quelle sera, avec un objectif de $0^m,28$ de foyer, la hauteur, sur la glace dépolie, d'un monument de $21^m,40$ de hauteur dont on se trouve placé à 25^m.

La formule (4) $h = d \times \dfrac{H}{D}$ donne

$$h = 280 \times \frac{21^m,40}{25} = 0^m,239.$$

Calculer la distance à laquelle il faut se placer d'un monument, pour qu'il occupe sur la glace dépolie une dimension donnée. — A quelle distance faut-il nous reculer d'un monument de 40^m de hauteur, pour que son image ait exactement $0^m,18$ de hauteur sur le cliché, avec un objectif de $0^m,28$ de foyer.

La formule (6) $D = \dfrac{d}{h} + H$ donne

$$D = \frac{28}{18} \times 40 = 62^m.$$

Cette formule est d'un usage fréquent, et éviterait aux photographes les longs tâtonnements nécessaires pour savoir la place à laquelle ils doivent se placer pour qu'un monument occupe une dimension convenable sur le cliché. Elle est facile à retenir puisqu'il n'y a qu'à diviser le foyer par la hauteur qu'on veut donner à l'image, et multiplier le chiffre obtenu par la hauteur réelle du monument.

Pour les objets très rapprochés, cartes, dessins à réduire, la valeur représentant le foyer n'est plus une constante, mais une variable (foyer conjugué), et il faut alors faire usage des formules précédemment données pour ces cas spéciaux.

Déterminer la distance à laquelle on se trouve d'un édifice dont la hauteur est connue. — A quelle distance se trouve-t-on d'une maison de 24ᵐ de hauteur, qui occupe sur la glace dépolie une hauteur de 39ᵐᵐ, le foyer principal de l'objectif étant 280ᵐᵐ.

Appliquant la formule $D = H \times \dfrac{d}{h}$, on a

$$D = \frac{280}{39} \times 24^m = 172^m,30.$$

Déterminer la hauteur d'un édifice inaccessible. — Étant placé à une distance inconnue d'un monument inaccessible, on voit qu'il occupe 80ᵐᵐ sur la glace dépolie. On se recule de 25ᵐ de la première station, et l'on trouve qu'il n'occupe plus que 60ᵐᵐ sur la glace dépolie. On demande : 1° la distance à laquelle on était d'abord du monument inaccessible; 2° sa hauteur.

Appliquant la formule (7), $D = B \times \dfrac{h'}{h - h'}$, nous avons d'abord pour la distance D, à laquelle nous nous trouvons du monument,

$$D = 25 \times \frac{60}{80 - 60} = 75^{m}.$$

La hauteur du monument se calculera maintenant avec la formule $H = D \times \dfrac{h}{d}$. Le foyer de l'objectif étant 280^{mm}, nous aurons

$$H = 75 \times \frac{89}{280} = 21^{m},43.$$

Déterminer la hauteur d'un monument inaccessible placé sur un terrain plus élevé que celui où se trouve l'opérateur. — Dans le calcul précédent, nous avons supposé que le terrain où se trouvait l'observateur et la base du monument étaient sensiblement sur le même plan horizontal.

Fig. 13.

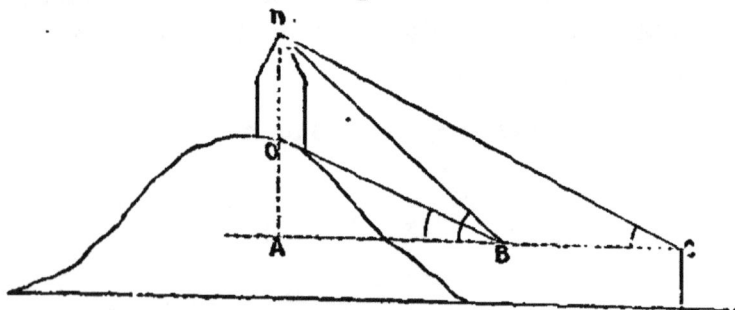

Il peut arriver que le monument soit sur une éminence beaucoup plus élevée que l'observateur. Dans ce cas, on détermine la distance AB, en observant à la chambre noire, comme il a été dit (p. 59), la hauteur D de AD au-dessus de l'horizontale AC de deux stations B et C. Connaissant AB, on se trouve dans le cas de monuments accessibles, et il n'y a plus qu'à déterminer par deux visées de B les hauteurs AD et

AO; retranchant alors le second nombre du premier, nous avons alors la hauteur DO.

Déterminer photographiquement le diamètre d'une pyra-ramide, sa hauteur et l'inclinaison de ses faces. — Soit la pyramide, dont la section est représentée *fig.* 14; on demande son demi-diamètre BN, sa hauteur H et l'angle d'inclinaison α de la face BO. Nous avons vu, dans le précédent problème, comment deux visées sur le point O sont nécessaires pour pouvoir déterminer successivement la distance inaccessible

Fig. 14.

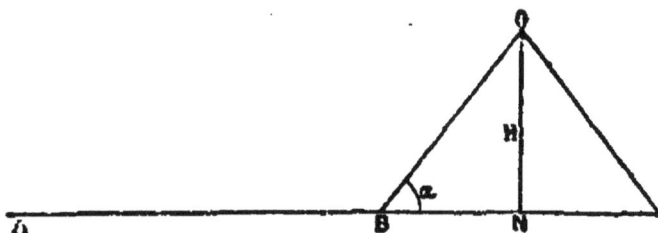

et invisible AN, puis la hauteur H de la pyramide. Connaissant AN par l'opération précédente, il n'y a qu'à mesurer directement AB pour avoir par simple différence le demi-diamètre de la pyramide. On a évidemment en effet

$$BN = AN - AB.$$

Reste à déterminer l'angle α. Rien n'est plus simple puisque nous connaissons BN, et la hauteur H. Des relations trigonométriques bien connues nous donnent en effet

$$\tan \alpha = \frac{H}{BN}.$$

J'ai donné le problème précédent pour montrer encore une fois combien sont variées les ressources fournies par la Photographie, mais ma solution est un peu compliquée et je ne la recommande pas.

Déterminer sans mesures la largeur et la hauteur d'un monument placé obliquement relativement à l'opérateur, et entièrement inaccessible. — Dans les deux opérations précédentes, il a fallu mesurer une base et déplacer l'appareil. Dans la plupart des cas, nous pouvons éviter cette double opération. Soit, par exemple, AB la projection horizontale d'un monument inaccessible dont on demande la hauteur H et la largeur AB. La solution de ce problème assez compliquée par

Fig. 15.

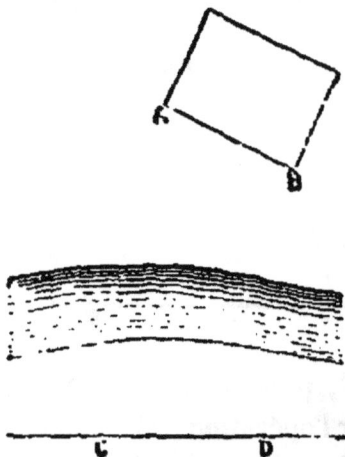

les méthodes trigonométriques ordinaires, est donnée immédiatement par l'appareil photographique si le terrain sur lequel on opère est bien horizontal. Que nous soyons en C ou en D, rien n'est plus simple, en opérant exactement comme il a été dit précédemment, que de mettre la glace dépolie parallèlement à AB, en faisant tourner la chambre noire sur son axe jusqu'à ce qu'une des lignes horizontales supérieures du monument, d'abord oblique, devienne parallèle aux lignes horizontales tracées sur la glace dépolie. On photographie alors le monument dans cette position, ou, si l'on ne veut pas le photographier, on note la hauteur et la largeur qu'il occupe en millimètres sur la glace dépolie.

Il faut rechercher maintenant la valeur métrique de chacun

de ces millimètres, c'est-à-dire trouver à quelle échelle la façade a été réduite. L'appareil que nous supposons muni de notre niveau sphérique, ayant été mis bien horizontal, on note quelle partie du monument tombe exactement au centre de la glace dépolie, après avoir fait correspondre ce dernier, comme nous l'expliquons ailleurs, avec la projection du centre optique. Si le terrain est horizontal, cette hauteur est exactement égale à celle du centre de l'objectif au-dessus du sol. Si donc cette hauteur du centre de l'objectif est, je suppose, de 1m,50, la hauteur de la partie du monument qui correspond au centre de la glace dépolie est exactement à 1m,50 au-dessus de sa base. C'est donc comme si l'on était allé placer sur le monument une mesure ayant 1m,50 de hauteur. Connaissant les dimensions de l'une des parties de l'édifice, les autres s'en déduisent immédiatement comme il a été précédemment expliqué.

Ce procédé est très simple, mais il manque de précision parce qu'on n'est jamais certain de se trouver sur un terrain horizontal. On rendrait cette méthode plus exacte, mais aussi plus compliquée, en mesurant avec la roulette métrique une base de 25m à 50m et un angle aux extrémités de cette base, ainsi que nous l'expliquons dans un autre Chapitre. On aurait ainsi la distance à laquelle on se trouve d'une arête verticale du monument. Connaissant cette distance D et la hauteur h de l'image de l'arête sur la glace dépolie, ainsi que la distance focale de l'objectif, on aurait sa hauteur réelle H avec notre formule $H = D \times \dfrac{h}{d}$.

Connaissant la hauteur d'une portion du monument, on a l'échelle de réduction de sa façade, et par conséquent sa largeur.

Déterminer de l'entrée d'un monument, dans lequel il est interdit de pénétrer, les dimensions de toutes ses parties intérieures et des divers objets visibles qu'il ren-

ferme. — Le problème que je viens de poser n'est nullement inventé à plaisir. Il se présente journellement dans les mosquées musulmanes et les pagodes de l'Inde.

Sa solution semble au premier abord assez embarrassante. Bien qu'elle soit fort simple, j'avoue que je l'ai longtemps cherchée. La porte est généralement assez étroite, placée, au moins pour les sanctuaires de certaines pagodes, au sommet d'un escalier. Ne pouvant mesurer aucune base, et la grandeur des objets que contient le temple étant totalement inconnue, nous ne possédons aucun des éléments sur lesquels on s'appuie généralement pour la solution d'un tel problème. Cette solution est pourtant facile; c'est celle employée dans le problème précédent pour trouver la hauteur d'un monument inaccessible. L'appareil étant placé à l'entrée de la porte, il n'y a qu'à mesurer la hauteur du centre de l'objectif au-dessus du sol, et noter l'objet situé à l'intérieur du monument projeté sur le centre de la glace dépolie de la chambre noire supposée, bien entendu, horizontale. La hauteur de cet objet est précisément égale à la hauteur de l'appareil au-dessus du sol, et remplace la mesure que l'on applique sur les monuments pour en déduire leurs dimensions. La même opération, répétée sur des objets de divers plans, nous donnera toutes les dimensions dont nous pourrons avoir besoin pour trouver, sur la photographie prise de l'entrée du temple, toutes les dimensions des objets divers, colonnes, statues, etc., qu'il renferme.

Certains monuments de l'Orient, tels que la mosquée d'Omar à Jérusalem, par exemple, et la plupart des pagodes de l'Inde, sont tellement obscurs à l'intérieur qu'il serait fort pénible de rechercher sur la glace dépolie l'image d'objets de petites dimensions correspondant à son centre. Il est beaucoup plus simple, pendant que l'appareil photographique prend l'image, opération qui, vu l'obscurité, exige plusieurs minutes, de relever plusieurs repères à l'intérieur du monument. Il suffit pour cela d'avoir entre les mains un des nombreux instru-

ments connus — un de ceux décrits dans cet Ouvrage notamment — permettant de mener une ligne horizontale. S'ap-
puyant sur les parois de la porte, on place l'instrument à la
hauteur convenable pour être de niveau avec le sommet d'un
piédestal, d'une balustrade, ou de tout objet saillant quelconque facile à reconnaître. On mesure alors la hauteur à
laquelle a été élevé l'instrument au-dessus du sol, et l'on
marque ces indications sur un carnet. Si l'on possède la
canne métrique dont j'ai parlé, on l'appliquera sur une des
parois latérales de la porte et l'on fera la visée en posant
l'instrument à niveau dont on fera usage sur le bord de
l'équerre qui la surmonte. Comme on peut lire immédiatement
sur la canne à quelle distance l'équerre se trouve du sol,
on peut aisément prendre en quelques minutes cinq à six
mesures qui, plus tard, permettront de retrouver sur la photographie toutes les dimensions nécessaires, surtout si l'on
a pris soin d'indiquer sur le carnet quelle était la hauteur
d'un objet placé sur le même plan horizontal que le centre
de l'objectif.

*Déterminer sur la carte de quel point d'un paysage une
photographie a été prise.* — La solution de ce problème
exige que, dans les objets photographiés figurant sur le
paysage, il y en ait trois dont la position relative soit connue.
Les angles qui existent entre ces objets pouvant se lire sur
la photographie et se reporter sur une feuille de papier trans-
parent, on voit que le problème se trouve ainsi ramené à celui
connu en Topographie sous le nom de *problème de la carte.*
On peut le résoudre, comme on sait, au moyen d'angles capables, ou plus simplement en promenant un papier calque,
où ont été reportés les angles, sur la feuille qui porte les
trois points, ou sur la carte elle-même si elle est à une
assez grande échelle, jusqu'à ce que les trois côtés des angles
passent par les trois points visés. Le sommet de l'angle, qu'on
marque au crayon à travers le papier calque, indique sur

la carte la position qu'occupait l'appareil photographique, et par conséquent la distance à l'échelle de la carte séparant l'appareil photographique des trois points connus.

Au lieu de trois points, on peut se contenter d'en connaître deux seulement, si l'on a pu viser ces deux points à la boussole de la station dont on veut connaître la position. La ligne Nord-Sud — corrigée de la déclinaison — et les angles faits avec elle étant reportés sur du papier à calquer, il n'y a qu'à promener le calque sur la carte jusqu'à ce que les côtés de l'angle tracé passent par les deux points connus, et que la ligne Nord-Sud soit parallèle à un des méridiens verticaux de la carte.

La méthode qui va suivre donne une solution un peu plus compliquée mais aussi plus exacte du problème précédent.

Mesure de grandes distances par la Photographie et détermination de la position occupée par l'opérateur. — La Photographie permet, sans autre opération supplémentaire qu'une simple visée avec la boussole dont est muni l'appareil, ou avec une boussole quelconque divisée en degrés, de mesurer des longueurs de plusieurs kilomètres en employant une base d'orientation connue.

L'opération est théoriquement la même que celle que nous avons employée pour trouver la distance à un monument de hauteur connue, au moyen de la formule $D = \dfrac{d}{h} \times H$; mais, dans cette opération, H était toujours représentée par une ligne verticale, perpendiculaire par conséquent à la ligne de visée, c'est-à-dire à l'axe optique, tandis que si nous avons recours à une base horizontale AB (*fig.* 16), cette base ne sera pas le plus souvent perpendiculaire à la ligne de visée OA. Pour que la formule soit applicable, il est indispensable de savoir ce que vaut AB ramené à être perpendiculaire à OA, c'est-à-dire la longueur Ab. Connaissant Ab, la formule précédente donnera OA.

Pour calculer OA, il faut d'abord mesurer une base AB et son orientation magnétique. Lorsqu'ensuite on est arrivé au point quelconque O, dont on veut prendre la photographie, on vise à la boussole le point A. Cette visée donne l'angle β fait par OA avec le méridien. Connaissant β, on connaît β' qui lui est égal, et la direction de OA relativement à AB dont l'orientation γ est également connue. L'angle α se déduit, comme nous l'avons vu ailleurs, de la distance millimétrique horizontale comprise, sur la glace dépolie ou sur la photographie, entre les représentations des points A et B. (Si l'on appelle n le nombre de millimètres compris sur la glace entre A et B, d le foyer de l'objectif, on a $\tang \alpha = \dfrac{n}{d}$).

Avec les données précédentes, nous avons tous les éléments

Fig. 16

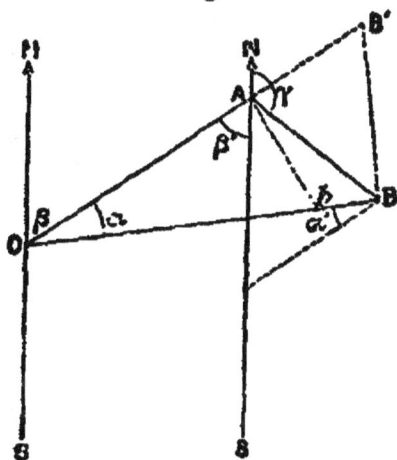

nécessaires pour résoudre le problème. Par le point B menons une parallèle à OA, et construisons en B un angle α' = α, et menons BO. Il suffira alors d'élever au point A sur OA une perpendiculaire Ab jusqu'à la rencontre de OB pour avoir la valeur de AB ramenée à être perpendiculaire à OA. Cette valeur étant mesurée au décimètre, donne la véritable longueur de AB à introduire à la place de H dans la formule donnée à la page précédente.

Si, après avoir calculé OA, on voulait calculer OB, il faudrait élever une perpendiculaire BB' à OB jusqu'à la rencontre de OA prolongée, pour avoir la valeur de AB ramené à être perpendiculaire à OB. La formule $D = \frac{d}{h} \times H$ donnerait alors, en remplaçant H par BB', la valeur de OB.

En pratique, il n'est pas nécessaire de construire sur le papier le triangle figuré plus haut, ce qui serait d'ailleurs peu commode, parce que ses côtés pourraient être beaucoup trop longs. Je vais montrer du reste que sa construction est entièrement inutile; en donnant un exemple dans lequel avec une simple visée à la boussole sur le point A, et une photographie, j'ai pu déterminer du haut de la terrasse de Bellevue des distances de 6^{km} et 7^{km}. La base choisie (ligne allant de la première tour du Trocadéro aux Invalides) avait 2000^m. Elle aurait pu être assurément moins grande, et, en pratique, elle le sera toujours beaucoup moins. Je ne l'ai choisie que parce que ses extrémités étaient bien visibles; et que j'ai employé le même exemple dans une autre Partie de cet Ouvrage à propos de la triangulation photographique.

La seule opération, en dehors de la Photographie, a été de déterminer avec la boussole la direction de OA avec le méridien magnétique, c'est-à-dire $\beta = 44°$. D'autre part, on connaissait, comme je viens de le dire, la longueur de la base AB = 2000^m, et son orientation avec le méridien magnétique, c'est-à-dire l'angle $\gamma = 113°$ ([1]). On connaissait le foyer de l'objectif = 280^{mm}. Mesurant avec un décimètre sur la photographie la distance horizontale entre la tour du Trocadéro et le dôme des Invalides, on a trouvé 75^{mm},4, on en a déduit immédiate-

---

([1]) Pour que le lecteur puisse au besoin faire la vérification sur la carte au $\frac{1}{20\,000}$, les angles ont été corrigés de la déclinaison magnétique. Ce sont donc les directions avec le Nord vrai qui sont indiquées ici.

ment $\tan g\,\alpha = \dfrac{75.4}{280} = 0,869$, ce qui, au moyen d'une Table de tangentes, donne $\alpha = 15°4'$.

Voici maintenant comment, avec ces éléments, on a calculé les côtés marqués OA et OB (*fig.* 16), c'est-à-dire les distances de la terrasse de Bellevue au Trocadéro et aux Invalides. L'échelle choisie étant le $\dfrac{1}{20\,000}$, c'est-à-dire 1^{mm} pour 20^m, on a tracé sur le papier (*fig.* 17) une ligne AB de 100^{mm} de longueur,

Fig. 17.

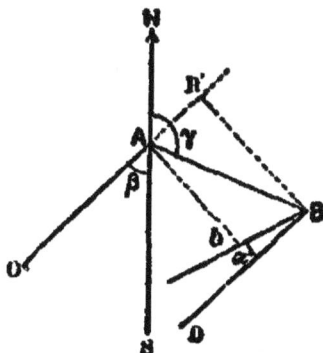

représentant par conséquent 2000^m, et faisant avec une ligne verticale représentant la ligne Nord-Sud un angle $\gamma = 113°$, puis une ligne de longueur quelconque OA faisant avec la ligne Nord-Sud un angle β de 44°. Par le point B on a mené ensuite une parallèle BD à AO, et l'on a construit en B un angle α'(¹) $= 15°4$ (l'erreur commise sur la lecture des minutes dans cette dernière opération est insignifiante). Élevant ensuite par le point A à la ligne OA une perpendiculaire Ab jusqu'à la rencontre de Bb, on a obtenu une ligne Ab qui représente AB ramenée à être perpendiculaire à la ligne de visée OA. Mesurant cette longueur au décimètre, on trouve

---

(¹) Cet angle α' pourrait être construit avec sa tangente, comme il a été dit dans un autre Chapitre, ce qui rendrait inutile l'emploi d'une Table pour déduire l'angle α de sa tangente.

qu'elle est de $0^m,084$, ce qui, à l'échelle de $\frac{1}{25000}$, représente 1680^m. Appliquant alors notre formule $D = H \times \frac{d}{h}$, nous avons pour la distance D de la terrasse de Bellevue à la tour du Trocadéro

$$D = 1680 \times \frac{280}{75,4} = 6239^m.$$

Pour connaître la distance du même point aux Invalides, il faut répéter sur la ligne bB l'opération précédente. Par le point B on élève à bB la perpendiculaire BB′ jusqu'à la rencontre de OA prolongée. Cette longueur, mesurée au millimètre, donne la longueur de AB ramenée à être perpendiculaire à la ligne allant de O à B. Sa longueur étant 98^{mm}, soit 1960^m à l'échelle de $\frac{1}{20000}$, on a pour la distance D cherchée

$$D = 1960 \times \frac{280}{75,4} = 7278^m.$$

Si l'on voulait connaître la position du point d'où a été prise la photographie, il n'y aurait qu'à opérer exactement comme je l'ai dit plus haut, ou mieux comme je l'indique dans un autre Chapitre de cet Ouvrage, au Paragraphe concernant la triangulation photographique, dans lequel l'exemple précédent se trouve répété.

Les opérations précédentes sont beaucoup plus longues à décrire qu'à exécuter. Elles se bornent, en pratique, à viser à la boussole un des points de repère choisis comme extrémités de la base, reproduits par la photographie.

La solution du problème que je viens d'énoncer, et que je crois nouvelle, peut trouver plus d'une application. Elle permettrait dans bien des cas de faire servir de simples photographies pittoresques à compléter utilement une carte. Si un observateur avait pris une série de photographies de divers points d'où il apercevrait seulement deux objets de positions connues (deux pics de montagnes ou deux clochers, par exemple), il suffirait qu'il eût en même temps visé un de ces points à la boussole en faisant sa photographie pour qu'il puisse déterminer exactement, sans mesures de base, toutes les positions successives qu'il a occupées pendant qu'il prenait ses photographies. Des photographies prises dans un but artistique pourraient ainsi fournir des documents précieux pour compléter une carte. J'aurai d'ailleurs à revenir sur cette question dans un autre Chapitre.

Généralité des formules employées dans ce Chapitre; leur application à tous les instruments d'optique. — Il ne sera pas sans intérêt de faire remarquer, en terminant, que toutes les formules établies dans ce Chapitre ne sont pas applicables aux appareils photographiques seulement, mais bien à tout instrument d'optique permettant de mesurer la grandeur apparente d'une image. C'est ainsi qu'en plaçant dans l'oculaire d'une longue-vue quelconque, un micromètre sur verre divisé en dixièmes de millimètre (¹), on peut s'en servir pour effectuer tous les calculs que nous avons indiqués. Au lieu de mesurer la hauteur de l'image sur une glace dépolie, on mesure la hauteur qu'elle occupe sur le micromètre. La seule opération à effectuer une fois pour toutes est la mesure du foyer de l'objectif. Elle se fait en mesurant la hauteur apparente, sur le micromètre, d'un objet de hauteur

---

(¹) Le prix d'un pareil micromètre est d'environ 5ᶠʳ à 6ᶠʳ. Sa position exacte est sur le premier diaphragme de l'oculaire. Aux longues-vues on substituera avec avantage les jumelles longues-vues, instruments très perfectionnés par les constructeurs depuis quelques années. J'en ai vu chez plusieurs opticiens et notamment chez Boucart, quai de l'Horloge, dont les dimensions dépassent à peine celles d'une bonne jumelle de campagne. Je n'en ai pas vu munie d'un micromètre et je n'ai pas réussi encore à trouver un constructeur à qui j'aie pu faire comprendre son utilité. Un micromètre dans un des deux tubes suffit. Il ne doit occuper qu'un tiers de l'ouverture du premier diaphragme, soit 4ᵐᵐ environ.

connue situé à une distance connue. Il suffit alors d'appliquer la formule $d = \dfrac{D}{H} \times h$ pour avoir le foyer cherché. On évite toute erreur de calcul en se souvenant que toutes les mesures doivent être exprimées en unités de même ordre, par conséquent en dixièmes de millimètre, puisque le micromètre est divisé en dixièmes de millimètre.

Le seul inconvénient des longues-vues à micromètre, c'est qu'elles ne permettent que la mesure d'objets très éloignés. Elles n'embrassent en effet qu'un champ de 1° environ, alors que pour mesurer à de faibles distances un monument même très petit, il leur faudrait un champ vingt fois plus grand. Il serait pourtant fort utile, avant de déballer son instrument photographique, de savoir la distance à laquelle on doit se placer pour avoir une image d'une grandeur déterminée, ou encore calculer, sans manœuvrer son appareil, les dimensions de monuments qu'on ne veut pas photographier. Ce sont ces considérations qui nous ont conduit à imaginer notre télestéréomètre, instrument décrit dans la seconde Partie de cet Ouvrage, et dont le champ très grand, puisqu'il dépasse 25°, permet d'embrasser les dimensions d'objets très rapprochés. Il permet la solution de tous les problèmes posés dans cet Ouvrage, y compris la mesure précise des angles, et cela sans provoquer nullement l'attention, puisque les dimensions de l'instrument ne sont pas supérieures à celles du doigt, et que pour s'en servir on le dirige vers la terre au lieu de le diriger sur les objets qu'on veut regarder.

CHAPITRE V.

LA PERSPECTIVE PHOTOGRAPHIQUE,
SON APPLICATION A LA DÉTERMINATION DES FORMES RÉELLES ET DES DIMENSIONS DES MONUMENTS.

1. *Principes généraux de la perspective photographique.* — En quoi ils diffèrent de ceux de la perspective ordinaire. — Comment on peut reconstituer la forme géométrique d'un monument avec une seule image photographique. — Principes fondamentaux de la méthode exposée dans ce Chapitre. — 2. *Détermination de la ligne d'horizon et de la projection du centre optique sur la glace dépolie ou sur une photographie.* — Détermination de la ligne d'horizon et du centre optique sur la glace dépolie et sur une photographie quelconque. Méthodes diverses. — Détermination des points de fuite inaccessibles, etc. — 3. *Application des règles de la perspective photographique à la solution de divers problèmes.* — Déterminer avec une seule photographie la hauteur d'un monument inaccessible, la hauteur et le diamètre d'une tour. — Construire avec une seule photographie le plan de l'intérieur d'une salle. — Déterminer avec une seule photographie le plan d'un terrain horizontal. — Reconstituer avec une seule photographie et sans l'application de mesure sur le monument, les dimensions des diverses parties de ce monument. — Déterminer de l'entrée d'une rue la longueur de cette rue, avec une seule photographie. — Déterminer les différences de niveau d'un terrain par l'étude des fuyantes. — Déterminer avec une seule photographie, prise d'une fenêtre, les dimensions diverses des monuments photographiés. — Construire sur une photographie le plan géométrique du monument dont cette photographie donne la perspective.

Le colonel Laussedat a démontré, il y a environ trente ans, qu'avec plusieurs photographies prises des extrémités d'une base mesurée avec soin, on pouvait reconstituer un plan géométrique. Sa méthode, fort précieuse pour les levers de terrains, est sans intérêt pour les levers de monuments. La nouvelle méthode que je vais exposer maintenant a pour but d'obtenir, sans mesure de base, sans travail supplémentaire sur le terrain et avec une seule photographie, la reconstitution du plan géométrique de la partie visible d'un monument. Elle permet en effet d'exécuter sur une photographie, malgré les déformations produites par la perspective, les mêmes mesures que sur le monument lui-même.

La méthode qui va suivre étant l'application des lois générales de la perspective, je rappellerai tout d'abord sommairement quelques-unes de ces dernières.

1. — Principes généraux de la perspective photographique.

Les lois de la perspective photographique sont celles de la perspective ordinaire, mais les buts qu'on se propose en étudiant les premières et les secondes sont bien différents. Dans l'étude habituelle de la perspective, on a pour but de déterminer d'avance les modifications que doivent subir pour l'œil, dans des conditions déterminées, des objets de formes et de dimensions connues. Dans l'étude de la perspective photographique, ces déformations sont connues, puisqu'elles sont fournies par l'image photographique, et ce que l'on se propose alors est de déduire de ces déformations connues les formes géométriques et les dimensions inconnues des objets.

Les vues qui se projettent sur le fond de l'œil ou sur une glace dépolie, sont, comme on le sait, des perspectives coniques sur des tableaux plans. Dans les images photographiques, le point de vue est représenté par le centre optique de l'objectif; la distance du tableau au point de vue, par la distance focale principale; la ligne d'horizon, par la ligne que tracerait sur la glace dépolie le plan horizontal passant par le centre optique de l'objectif. Le tableau est la surface sécante formée par la glace dépolie ou par le cliché où s'est fixée l'image. Quelques explications suffiront à rendre tout à fait clair ce qui précède.

La *ligne d'horizon* est, comme nous venons de le dire, la ligne que tracerait sur la glace dépolie le plan horizonta-

passant par le centre optique de l'objectif. Si, opérant comme
nous l'indiquerons plus loin, nous faisons correspondre le
centre de l'objectif avec le centre de la glace dépolie, après
avoir mis l'appareil bien horizontal, la ligne d'horizon sera
la ligne horizontale passant par le centre de la glace dépolie.

Toutes les lignes verticales et horizontales des monuments
parallèles à la glace dépolie restent sur la photographie verticales et horizontales; elles ne font que diminuer de grandeur. Nous voyons donc immédiatement, en regardant une
photographie, si la glace dépolie était parallèle ou non au
monument représenté.

Toutes les lignes horizontales et parallèles des monuments
placés obliquement relativement au plan du tableau, c'est-
à-dire à la glace dépolie, deviennent obliques sur l'image. Si
on les prolonge, on voit qu'elles convergent toutes vers un
même point situé sur la ligne d'horizon. Ce point est nommé
point de fuite. En prolongeant au crayon sur une photographie les lignes obliques d'un monument, on vérifiera aisément qu'elles convergent toutes vers un point de fuite. Dans
certaines conditions, par exemple, quand la photographie
embrasse deux façades du monument, on voit qu'elle possède
plusieurs points de fuite : ces points sont également situés sur
la ligne d'horizon (*). L'intersection de l'axe optique avec la
glace dépolie correspond alors à ce que, dans la perspective
ordinaire, on appelle le point de fuite principal, c'est-à-dire
celui qui se trouve en face de l'œil du spectateur.

(*) Au moins pour les vues de face, c'est-à-dire pour les vues dans
lesquelles un côté de l'objet reproduit reste parallèle au plan du
tableau, c'est-à-dire à la glace dépolie. Ce sont les seules dont je
puisse m'occuper d'une façon générale ici. la transformation des
vues obliques en plans géométriques entraine parfois à des constructions trop compliquées pour que je puisse les étudier longuement dans
cet Ouvrage. En cas de monuments dont aucun côté n'est parallèle
au plan du tableau, les fuyantes, au lieu de converger vers le point
de fuite principal, se dirigent vers les points dits accidentels dans
les Traités de Perspective.

Les changements de position du point de fuite principal, et par suite de la ligne d'horizon sur laquelle ce point est toujours situé, déterminent des changements considérables dans l'aspect d'une photographie. Ce point principal se trouve toujours à l'extrémité de la prolongation de l'axe optique, et se déplace constamment avec lui. Si l'on se trouve devant un corps solide, un monument de forme cubique, par exemple, le déplacement de l'objectif, et par conséquent de l'axe optique, détermine des variations considérables dans la forme apparente du cube. Si, par exemple, on se trouve en face du centre d'une face de ce cube, son image sera un simple carré. Si l'axe optique est porté à droite ou à gauche, la photographie reproduira deux faces du cube. Si, en même temps qu'on a déplacé l'objectif à droite ou à gauche, on l'a élevé, l'image contiendra trois faces du cube : plus l'objectif s'élèvera, plus on verra de la face supérieure du cube. Ce qui précède montre qu'avec un peu d'expérience on voit bien vite, en examinant une photographie, quelle était approximativement la position occupée par l'objectif lorsqu'elle a été obtenue.

.La connaissance de la ligne d'horizon et du point de fuite permet de déterminer immédiatement dans une photographie l'échelle d'un plan quelconque, connaissant l'échelle d'un autre plan. Soit, je suppose, un mètre placé en AB ou en ab (fig. 18), si nous joignons ses extrémités au point de fuite O, nous aurons la valeur du mètre dans tous les plans compris entre B et O, et par conséquent la hauteur réelle des objets existant dans chacun de ces plans.

On voit immédiatement, par la même figure, que la grandeur du mètre est partout la même dans les diverses parties du même plan. Il est évident, en effet, que AB = A'B', ab = a'b'. C'est ce que l'on peut exprimer en disant que les objets placés sur une ligne oblique à l'axe optique subissent des réductions égales à celles que subissent leurs projections sur cet axe. Nous aurons à revenir plus loin sur ce principe fondamental.

La ligne d'horizon rencontrant le monument en des points

qui sont tous à la même hauteur au-dessus du sol, il en
résulte que si nous connaissons la hauteur de la ligne d'horizon, c'est-à-dire la hauteur du centre optique de l'objectif
au-dessus du sol, cette dernière hauteur pourra servir d'échelle
pour déterminer les dimensions diverses du monument, de
la même façon que si nous avions placé un mètre sur ce
monument avant de le photographier. Nous pouvons donc
entrevoir dès à présent qu'avec une seule photographie nous
avons tous les éléments nécessaires pour reconstituer les
dimensions d'un monument.

La figure ci-dessous montre comment, quand on a sous la

Fig. 18.

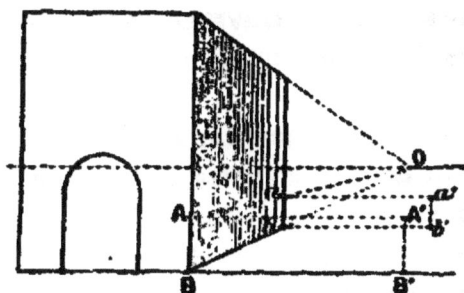

main une photographie dans laquelle se trouve une grandeur
quelconque de hauteur approximativement connue, un homme
debout, par exemple, on peut en déduire à peu près la dimension d'un édifice situé dans un plan quelconque. Supposons, par exemple, qu'un individu occupe dans un paysage
(*fig.* 18) une hauteur *a'b'*, si l'on mène par la tête et les pieds
du personnage les lignes *aa' bb'*, parallèles à BB', la grandeur
de l'individu sera reportée en *ab* contre la maison et pourra,
par les fuyantes OA et OB, donner l'échelle des divers plans
de la maison et de tous les édifices parallèles à la maison.

En reportant sur la ligne d'horizon, de chaque côté du point
de fuite principal, la distance qui sépare le centre optique de
l'objectif de la glace dépolie, c'est-à-dire la longueur focale
principale, on a ce qu'on appelle en perspective ordinaire

les *points de distance*. Leur connaissance est utile, comme nous le verrons plus loin, pour déduire de la profondeur apparente d'un corps solide sur une photographie, sa profondeur réelle.

On appelle *plan géométral* la figure géométrique déterminée par les lignes verticales abaissées de tous les points d'un objet sur le plan horizontal du terrain; c'est le plan tel que le donnent les architectes.

Pour toutes les applications que nous allons faire de la perspective photographique, pour déduire les dimensions exactes des corps de leurs dimensions apparentes sur photographie, il est indispensable d'avoir bien présentes à l'esprit les indications qui précèdent et quelques notions fondamentales déjà exposées dans cet Ouvrage. Nous résumerons les unes et les autres dans les propositions suivantes :

1° *Tout objet vertical placé dans la direction de l'axe optique donne, sur la glace dépolie, une image dont la hauteur est proportionnelle à la distance focale de l'objectif et en raison inverse de la distance de l'objet à l'objectif.*

2° *Tous les objets situés dans un même plan parallèle à la glace dépolie sont, quelle que soit leur distance à l'objectif, réduits dans les mêmes rapports sur la glace dépolie.*

3° *Tous les objets situés en dehors du plan parallèle à la glace dépolie subissent, sur cette dernière, la même réduction que celle de leur projection sur le plan vertical passant par l'axe optique.*

4° *Connaissant l'azimut d'une ligne verticale et la réduction de cette ligne sur la glace dépolie, il est toujours possible de déterminer sa position relativement au plan vertical passant par l'axe optique.*

5° *Les angles horizontaux et verticaux sont exprimés sur la glace dépolie de la chambre noire par leurs tangentes et peuvent par conséquent se lire facilement.*

6° *Connaissant la ligne d'horizon et la hauteur du centre*

*optique de l'objectif au-dessus du sol, on a immédiatement
les éléments nécessaires pour calculer les dimensions des
diverses parties du monument figurant sur la photographie.*

*7° Toutes les lignes verticales et horizontales d'un mo-
nument parallèle à la glace dépolie restent sur la photographie verticales et horizontales.*

*8° Toutes les lignes horizontales et parallèles d'un mo-
nument placées obliquement relativement à la glace dépolie
convergent toutes vers un ou plusieurs points de fuite
situés sur la ligne d'horizon. Toutes les lignes verticales
du monument restent verticales.*

*9° La hauteur comprise entre les fuyantes passant par
les extrémités d'une ligne verticale de grandeur connue
placée dans un plan quelconque permet de déterminer
l'échelle de tous les autres plans.*

Parmi les propositions qui précèdent, il en est deux fondamentales (n°° 2 et 3) sur lesquelles je dois insister, parce
que c'est principalement sur elles que repose la méthode
exposée dans ce Chapitre.

Supposons notre chambre noire placée en O (*fig.* 19), et sa
glace dépolie parallèle à AC. Soit OA l'axe optique. Plaçons
verticalement un mètre aux points A, B, C, et, sans changer la
chambre noire de position, photographions ces trois mètres.
En vertu de la deuxième proposition que nous avons énoncée,
et bien que les distances OA, OB et OC soient fort différentes,
les trois mètres auront exactement la même grandeur sur la
glace dépolie de la chambre noire; ils pourront donc permettre
de calculer les distances AO, BB', CC' égales entre elles, mais
nullement OB ni OC. Ces deux dernières distances ne seraient
déterminées que si l'on connaissait en même temps les angles
a et *b* (proposition n° 4).

Une démonstration géométrique fort simple suffirait à
prouver ce qui vient d'être énoncé, mais cette démonstration

est inutile, car il n'est pas un photographe qui ne sache expérimentalement qu'en plaçant la glace dépolie de sa chambre
noire parallèlement à une carte qu'il veut réduire, les divers
carreaux de la carte sont réduits dans la même proportion, bien
que la distance de l'objectif à chacun de ces carreaux soit
évidemment fort différente.

Comme première conséquence de ce qui précède, nous

Fig. 19.

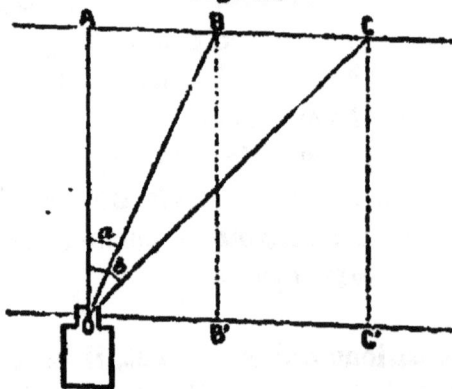

voyons que lorsque la glace dépolie d'une chambre noire
reste parallèle à une façade plane d'un monument, l'appareil
photographique peut être placé à une hauteur quelconque
sans que les dimensions de la photographie varient. Soit, par
exemple, à reproduire de l'intérieur d'une maison la façade
plane d'un édifice situé de l'autre côté d'une rue. Toutes les
photographies de la façade que nous prendrons, soit du rez-de-
chaussée, soit du sixième étage, soit d'une fenêtre quelconque de droite, de gauche ou du milieu, auront exactement
les mêmes dimensions, à la simple condition que la glace
dépolie sera parallèle à la surface à reproduire. S'il y avait
une personne à chaque étage, l'image de chacune de ces personnes aurait la même dimension sur toutes les photographies,
alors même que l'édifice photographié aurait la hauteur de la
Tour de Babel.

Comme seconde conséquence des mêmes principes, nous

voyons immédiatement que si, plaçant un mètre en A et en B
(*fig.* 20), nous dirigeons l'axe optique de l'appareil photographique vers A, la réduction des mètres A et B sera fort inégale.
La réduction du mètre A permettra bien de calculer CA, mais
la photographie du mètre B permettra de calculer, non pas
CB, mais C *b'*. Avec la connaissance de C*b*, il faudra, comme

Fig. 20.

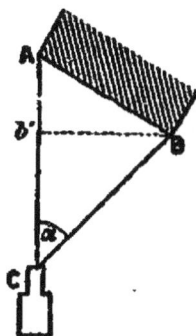

cela a été dit plus haut, mesurer l'angle α pour avoir les éléments nécessaires à la détermination de AB.

L'application des mêmes principes nous explique aisément
la cause de certaines déformations que subissent les corps
solides vus en perspective, et comment on peut, par la
Photographie, éviter ces déformations ou, au contraire, les
produire.

Soit (*fig.* 21) une série de colonnes A, B, C, D, etc., de hauteur égale et également espacées. Plaçons, parallèlement à ces
colonnes, sur un point quelconque de la ligne XZ, un appareil
photographique. Si nous observons l'image de ces colonnes
sur la glace dépolie, en déplaçant l'appareil parallèlement à
AF, de façon qu'il occupe successivement les positions X, Y, Z,
nous constatons que, malgré le déplacement énorme de l'appareil, toutes les colonnes conservent la même hauteur et le
même intervalle sur la glace dépolie.

Répétons maintenant la même expérience en plaçant l'ap-

pareil dans une des positions précédentes, en Y, par exemple,
mais en le faisant tourner de quelques degrés autour de son
axe, comme cela est indiqué sur la figure, de façon qu'il ne
soit plus parallèle aux colonnes, et immédiatement nous
voyons que cette simple rotation de quelques centimètres
a suffi pour donner à chaque colonne une hauteur différente
sur la glace dépolie.

L'explication de ce phénomène est facile à comprendre si l'on

Fig. 21.

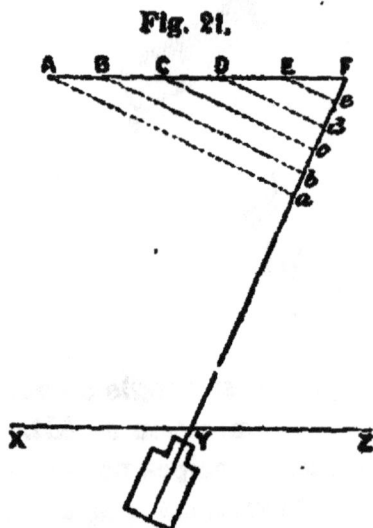

se reporte à notre troisième proposition. Une seule colonne,
celle en F étant sur un plan parallèle à la glace dépolie, toutes
les autres subiront la même réduction que si elles étaient pro-
jetées sur l'axe optique YF en e, d, c, b, a. Chaque colonne
étant ainsi plus rapprochée de l'appareil que celle placée devant elle, paraîtra nécessairement plus grande. Les colonnes,
bien qu'égales entre elles, seront donc toutes inégales sur la
glace dépolie.

C'est sur ces principes fondamentaux que repose la règle
que nous avons donnée ailleurs pour rendre l'appareil photographique parallèle à un monument. Il suffit, comme nous
l'avons vu, quand on se trouve devant le monument, et vis-

à-vis d'une partie quelconque de ce monument, de faire tourner l'appareil sur son axe jusqu'à ce que les lignes horizontales supérieures ou inférieures de l'édifice soient parallèles aux lignes horizontales tracées sur la glace dépolie. Aussitôt que les lignes du monument deviennent un peu obliques, on est certain que la glace dépolie n'est plus parallèle au monument.

2. — Détermination de la ligne d'horizon et de la projection du centre optique sur la glace dépolie ou sur une photographie.

Avant d'appliquer les lois de la perspective précédemment énoncées à la solution de divers problèmes, nous devons rechercher tout d'abord les moyens de déterminer sur la glace dépolie ou sur une photographie la ligne d'horizon et la projection du centre optique. Tous les problèmes que nous aurons à étudier impliquent cette détermination.

La ligne d'horizon est, comme nous l'avons dit, la trace du plan horizontal passant par l'axe optique. La connaissance de cette ligne a une importance capitale pour la transformation des images perspectives en images géométriques. C'est sur elle que se trouve la projection de l'axe optique et que viennent concourir les fuyantes. C'est sur elle que doivent être reportées toutes les grandeurs à mesurer.

Il existe plusieurs moyens de déterminer la ligne d'horizon; nous les indiquerons successivement afin qu'on puisse les utiliser suivant les circonstances qui pourraient se présenter.

1° *Détermination de la ligne d'horizon par la mesure de la hauteur de l'appareil au-dessus du sol.* — Le moyen que je vais indiquer ici n'est pas d'une bien grande précision, mais comme il est très simple et n'implique aucun calcul, je le décrirai tout d'abord. Il ne peut être utilisé qu'en terrain bien horizontal, tel qu'on en rencontre par exemple dans l'intérieur d'un édifice.

Ce moyen consiste simplement à mesurer la hauteur au-dessus du sol du centre de l'objectif de la chambre noire, supposée, bien entendu, parfaitement horizontale. Si, sur le monument photographié, nous avons placé un mètre ou une mesure quelconque permettant de déterminer son échelle de réduction, nous posséderons tous les éléments nécessaires pour déterminer sur la photographie le passage de la ligne d'horizon. Cette ligne coupe, en effet, tous les objets à une hauteur précisément égale à celle du centre optique de l'ob-jectif au-dessus du sol (¹). Or, nous connaissons cette hauteur. Supposons qu'elle soit de 1ᵐ,60. Grâce au mètre appliqué sur le monument, nous pouvons aisément tracer sur la pho-tographie une hauteur de 1ᵐ,60 au-dessus du sol. La ligne horizontale menée par cette hauteur est la ligne d'horizon. Elle s'élèvera, comme nous l'avons vu, à mesure que l'opéra-teur s'élèvera. Si l'on opérait d'un troisième ou d'un quatrième étage, au lieu d'être à 1ᵐ,60 au-dessus du sol, elle en serait à 10ᵐ ou 15ᵐ. Sa position variera extrêmement, par consé-quent, suivant la position de l'appareil.

Le photographe qui a opéré comme il précède doit noter soigneusement au crayon sur le cliché photographique la hauteur du centre de l'objectif au-dessus du sol. S'il n'a pas

---

(¹) Le meilleur moyen pratique à employer pour mesurer la hauteur du centre de l'objectif au-dessus du sol, consiste à se servir de ces cannes métriques rentrantes qu'on emploie pour mesurer la hauteur des chevaux et dont j'ai eu déjà occasion de parler. Elles ont l'aspect d'une canne ordinaire, et, en raison de la tige mobile formant équerre qui les surmonte, quand elles sont ouvertes, on peut, comme je l'ai dit déjà, les utiliser en voyage pour une foule de mesures. Pour mesurer la hauteur du centre optique, on amène l'équerre au niveau du centre de l'objectif, et on lit immédiatement sur la canne la hau-teur cherchée.

8.

fait subir à son objectif de déplacements latéraux, la projection du centre optique sera au centre de cette ligne.

2° *Détermination générale de la position occupée sur
la glace dépolie par la ligne d'horizon et l'axe optique
pour un appareil déterminé.* — L'opération qui précède
nécessite pour chaque station la recherche de la position
de la ligne d'horizon. Les opérations qui vont suivre sont
plus compliquées que la précédente, mais elles n'ont besoin
d'être exécutées qu'une seule fois pour un appareil déterminé.

Dans les anciennes chambres noires carrées, où l'objectif
était adapté au centre d'une planchette fixée invariablement
à la chambre noire, la détermination de la projection de
l'axe optique et de la ligne d'horizon était très facile. L'axe
optique se trouvait, en effet, au centre même de la glace dépolie, et, en faisant passer par ce centre une ligne horizontale
divisant en deux parties égales la glace dépolie, on avait la
ligne d'horizon cherchée. On ne saurait opérer de même
avec les nouveaux appareils, dans lesquels l'objectif est fixé
sur une planchette susceptible de se mouvoir en hauteur et
en largeur. Alors même que l'objectif serait au centre de la
paroi antérieure de la chambre, son axe optique ne passe
plus au centre de la glace dépolie, ou du moins n'y passe
que lorsque la glace dépolie occupe une certaine position.
La glace dépolie étant beaucoup plus longue que large,
lorsqu'on la retourne pour photographier un monument, en
largeur, l'axe optique se trouve beaucoup plus bas que le
centre de la glace. Il est donc indispensable de déterminer
expérimentalement une fois pour toutes dans quelle position
de la planchette porte-objectif l'axe optique passe par le
centre de la glace dépolie.

La première condition pour y arriver est de tracer sur la
planchette fixe de la partie antérieure de la chambre noire
une graduation millimétrique à zéro arbitraire. Dans notre

chambre, la graduation est faite sur deux bandes de cuivre, l'une en hauteur, l'autre en largeur. Mais ces bandes de cuivre peuvent être remplacées par des bandes de papier quadrillé qu'on colle sur le bois, et qu'on chiffre à la main de centimètre en centimètre. Un petit index fixé sur la planchette porte-objectif, dans le prolongement d'une ligne horizontale et d'une ligne verticale passant par le centre de la monture métallique de l'objectif, indique en millimètres par son déplacement le déplacement du centre de ce dernier.

L'appareil étant ainsi modifié, on le met parfaitement horizontal au moyen du niveau sphérique fixé sur la planchette, puis avec un instrument quelconque (niveau Burel, niveau Lyre, quart de cercle à niveau de l'auteur, etc.), placé à la hauteur du centre de l'objectif, on vise de la fenêtre où l'on est placé un objet remarquable, corniche, lames d'un volet, etc., placé devant soi dans le prolongement de la ligne de visée de l'instrument. On met alors cet objet au point sur la glace dépolie, d'abord placée dans le sens de sa hauteur, et l'on remonte ou descend la planchette porte-objectif jusqu'à ce que l'objet qui avait été visé avec l'instrument à niveau passe par le centre de la glace dépolie. On note alors à quelle division de la planchette correspond l'index. On répète la même opération en plaçant en largeur la glace dépolie, et l'on note le nouveau chiffre observé. On connaît ainsi à quelle hauteur on doit placer la planchette porte-objectif pour que la ligne d'horizon passe par le milieu de la glace dépolie pour les deux positions fondamentales de la chambre noire.

Il peut arriver, et cela arrivera fréquemment pour les monuments élevés, que pour les faire entrer dans le champ de l'instrument toujours maintenu horizontal, il faudra hausser considérablement la planchette porte-objectif. Dans ce cas, on devra noter, au moyen des divisions de la planchette, de combien on a élevé l'index correspondant au centre de l'objectif au-dessus du point correspondant au centre de la glace dépolie. Le nombre de millimètres observé indique de combien de millimètres au-dessous du centre de la glace dépolie est abaissée la ligne d'horizon. On opérera d'une façon analogue en cas de déplacements latéraux. Il est du reste facile d'éviter ces derniers.

Lorsque, par les opérations précédentes, on a mis le centre de l'objectif vis-à-vis le centre de la glace dépolie, la projection du centre optique se trouve exactement au milieu de la ligne d'horizon.

3° Détermination de la ligne d'horizon et du centre optique par l'étude des fuyantes sur une photographie. — Il est très facile, dans beaucoup de cas, de déterminer sur une photographie, sans aucune mesure préalable, la position de la ligne d'horizon et du centre optique. En examinant la photographie d'un monument dont les parties latérales sont visibles, on voit que les lignes obliques du monument prolongées vont concourir toutes vers un seul point. Ce point de fuite principal représente généralement la projection du centre optique, et une horizontale menée par ce point représente la ligne d'horizon.

Si le monument présente plusieurs faces, les fuyantes vont converger en deux points différents ; en réunissant ces deux points par une ligne, on a la ligne d'horizon ; mais la détermination de la position du centre optique sur cette ligne conduit à des constructions assez compliquées, et souvent même cette position reste indéterminée.

On peut le plus souvent, sans prendre la peine de prolonger les fuyantes, et avec une simple règle et une équerre, savoir où se trouve sur une photographie de monument la ligne d'horizon, et, par conséquent, à quelle hauteur au-dessus du sol se trouvait l'objectif de l'opérateur. Ce cas se présente lorsque l'image comprend des lignes fuyantes entre lesquelles se trouvent des parties, portes, fenêtres, par exemple, devant avoir par construction la même hauteur. En descendant

parallèlement à elle-même, de haut en bas sur la photographie, une équerre, on voit que les objets de même hauteur
se trouvent d'abord coupés très obliquement par l'équerre.
A mesure que cette dernière descend, l'obliquité diminue, et
il arrive un moment où toutes les parties situées au même
niveau, par exemple le rebord des fenêtres d'un étage, se
trouvent coupées à la même hauteur par l'équerre : cette dernière est alors sur la ligne d'horizon. Si l'on continue à la
descendre, les lignes passant par les objets de même hauteur
commencent à redevenir obliques, et l'obliquité croît à mesure
que l'équerre descend.

On peut résumer ce qui précède en disant que sur une
photographie contenant des lignes fuyantes, la ligne d'horizon
est celle qui coupe à la même hauteur les objets placés sur
le monument au même niveau. Une seule ligne — la ligne
d'horizon — jouit de cette propriété.

Les indications qui précèdent ne sont guère applicables
qu'à des photographies de monuments; elles ne le sont
qu'exceptionnellement à des photographies de paysages. Généralement les personnages ne peuvent servir parce que le photographe, pour embrasser plus d'espace, a soin de se placer sur
un point élevé. Lorsque l'élévation de son appareil au-dessus
du sol ne dépasse pas la hauteur d'un homme ordinaire,
on voit, en opérant, comme il a été dit précédemment, avec
une équerre, que certaines parties des personnages situées
dans les différents plans, l'œil ou l'épaule par exemple, se
trouvent à la même hauteur. La ligne passant par ces points
de même hauteur serait approximativement la ligne d'horizon.

4° *Détermination de la ligne d'horizon par le calcul trigonométrique*. — Si nous mesurons avec un instrument
quelconque, par exemple avec notre quart de cercle placé
sur le pied de l'appareil à la hauteur de l'objectif, un angle
vertical α sous lequel un point A est vu au-dessus de l'ho

rizontale de la station, on aura pour la longueur AB sur la
photographie

$$AB = \tang \alpha \times f,$$

f étant la longueur focale principale de l'objectif.

Il suffira donc de porter sur la photographie la longueur verticale AB ainsi trouvée et faire passer par B une ligne perpendiculaire : cette dernière sera la ligne d'horizon cherchée.

Ce moyen serait suffisamment exact pour les objets situés
dans le voisinage du plan vertical passant par l'axe optique,

Fig. 22.

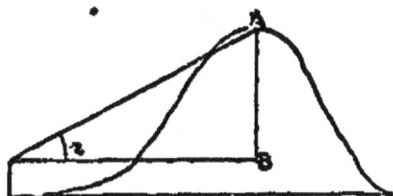

c'est-à-dire passant près du centre de la photographie; il ne
le serait plus pour un objet éloigné de ce centre. Si l'objet
en était très éloigné, il faudrait mesurer en dehors de l'angle
vertical α l'angle horizontal β fait avec l'axe optique de l'objectif par la direction dans laquelle est vu cet objet. La
formule précédente deviendrait alors

$$AB = \tang \alpha \times \frac{f}{\cos \beta}.$$

On pourrait encore déterminer la projection du centre
optique sur une photographie, en mesurant les distances angulaires respectivement comprises entre trois points figurant
sur la photographie, et dont la position serait connue. On
obtiendrait le centre optique et la ligne d'horizon par la
construction d'angles capables. On opérerait absolument
comme dans le problème dit *de la carte*.

Je n'ai pas eu occasion d'expérimenter ces deux dernières
méthodes que j'ai déduites de considérations géométriques.
Elles sont théoriquement excellentes, mais pratiquement je

les crois compliquées et ne pouvant conduire à des résultats
bien précis.

5° *Détermination des points de fuite inaccessibles et de la
ligne d'horizon invisible sur une photographie.* — Soit
(*fig.* 23) un monument photographié obliquement, et dont les
points de fuite OO' sont — contrairement à la forme que nous
avons dû donner à notre figure pour la facilité de la démon-

Fig. 23.

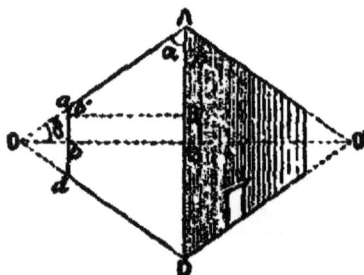

stration—situés très en dehors de la photographie. Cherchons
à déterminer la position des points de fuite en supposant successivement la ligne d'horizon connue, puis inconnue.

Si nous supposons d'abord la ligne d'horizon connue — et
nous avons vu qu'on la détermine facilement lorsque le monument comprend plusieurs parties régulières, — il nous
suffira pour déterminer OB, de mesurer avec un rapporteur
sur la photographie l'angle α et de mesurer AB. Nous
aurons alors

$$OB = AB \times \tan \alpha.$$

On opérerait de même pour trouver BO' avec l'angle β.

Supposons maintenant la ligne d'horizon inconnue. La position du point B étant inconnue, nous ne pouvons mesurer
que AD, *ad*, $b'B' = bB$ (écartement des deux verticales *ad*,
AD) et l'angle α; il s'agit, avec ces éléments, de rechercher
ob et AB.

Cherchons d'abord *ob* :

Les propriétés des triangles semblables nous donnent

$$\frac{AD}{ad} = \frac{ob + bB}{ob},$$

d'où l'on tire

$$ob = \frac{bB \times ad}{AD - ad}.$$

Connaissant ob et bB, nous avons

$$OB = ob + bB.$$

Connaissant OB et $\delta = (90° - \alpha)$, la longueur AB, qui détermine la position de la ligne d'horizon, est

$$AB = OB \times \text{tang}\delta.$$

Pour montrer combien ce calcul est simple, je prends dans mes notes une solution effectuée de ce problème.

Les mesures prises sur la photographie donnaient

$$AD = 159^{mm},$$
$$ad = 72^{mm},5,$$
$$bB = 88^{mm},$$
$$\alpha = 66°.$$

Appliquant les formules trouvées plus haut, on a

$$ob = \frac{88 \times 72,5}{159 - 72,5} = 73^{mm},7,$$
$$OB = ob + bB = 73^{mm},7 + 88^{mm} = 161^{mm},7,$$
$$AB = \text{tang}(90° - 66°) \times OB = 445 \times 1617 = 72^{mm}.$$

Menant par le point B une ligne horizontale à 72^{mm} du point A, nous avons la ligne d'horizon de la photographie.

3. — Application des règles de la perspective photographique à la solution de divers problèmes.

Les divers problèmes dont nous allons donner la solution sont l'application des règles précédemment exposées.

Déterminer avec une seule photographie la largeur d'un monument placé obliquement relativement à l'axe optique de l'appareil photographique. — Nous indiquerons dans ce Chapitre une autre solution plus simple du même problème. Celle que nous allons exposer exige qu'on applique en B et en

Fig. 24.

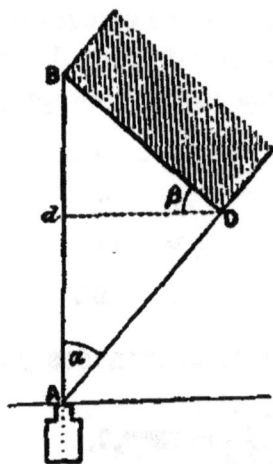

D un objet H de grandeur connue, un mètre, par exemple, ou qu'on mesure en ces deux points une hauteur déterminée. L'axe optique de l'appareil étant dirigé suivant AB, la réduction h sur la glace dépolie du mètre placé en B donnera par la formule $D = \dfrac{d}{h} \times H$, dans laquelle d représente la distance focale principale, la distance $D = AB$. La réduction du mètre placé en D donnera, non pas AD, mais Ad (projection de D

sur l'axe optique AB). On connaît d'autre part l'angle α, qui
se lit sur la glace dépolie. Avec ces trois éléments AB, A*d*
et α, on a tout ce qu'il faut pour construire sur le papier, en
élevant en *d* une perpendiculaire *d* D jusqu'à sa rencontre en
D avec la droite AD inclinée sur AB de l'angle α, le
triangle BAD, et mesurer par conséquent BD (¹).

*Déterminer avec une seule photographie la hauteur
d'un monument dont le centre est inaccessible.* — Soit, par
exemple, à déterminer avec une photographie (*fig.* 25) la hauteur du clocher A d'une église entourée d'un mur. Si la base du
clocher situé en A était accessible, il suffirait d'appliquer un
mètre à sa surface pendant qu'on le photographie, pour avoir
sa hauteur. Ne pouvant placer ce mètre sur le monument, il
suffira, l'appareil étant en O et l'axe optique de l'objectif
dirigé vers A, de placer un mètre en un point quelconque de
la ligne DC, perpendiculaire à AO, pour que ce mètre subisse

(¹) Ce côté BD est très aisément déterminé par le calcul. On aurait
en effet

$$Bd = AB - Ad,$$
$$dD = dA \tan \alpha$$
$$\tan \beta = \frac{Bd}{dD}.$$

Connaissant la tangente de l'angle β, cet angle et son cosinus se
trouvent dans les Tables. On a alors

$$BD = \frac{dD}{\cos \beta}.$$

On pourrait évidemment déduire BD de la relation bien connue

$$BD^2 = Bd^2 + dD^2,$$

mais le calcul impliquerait l'extraction d'une racine carrée et serait
par conséquent plus compliqué.

exactement la même réduction que s'il était placé en A. Il

Fig. 25.

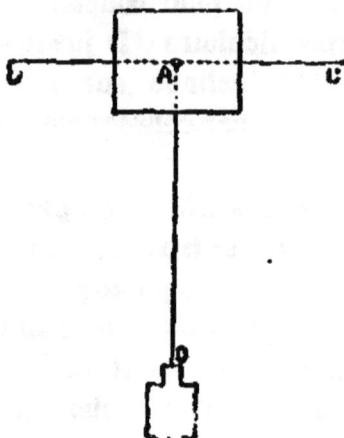

donnera par conséquent l'échelle de réduction de la photographie dans le plan vertical passant par A.

Déterminer la hauteur et le diamètre d'une tour avec une photographie. — Soit AB (*fig. 26*) la section de la tour.

Fig. 26.

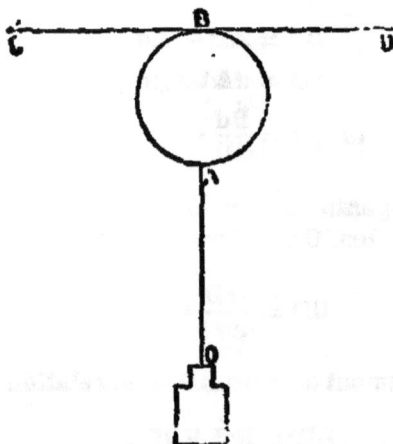

Un mètre, placé en A donnera, avec les formules précédem-

ment exposées, la hauteur de la tour et la distance OA. Si la
tour était transparente, il n'y aurait qu'à placer un mètre en
B pour avoir OB, et par une simple soustraction (OB—OA),
on aurait le diamètre cherché. La tour n'est pas transparente,
mais il suffit de placer le mètre en un point quelconque de
CD, perpendiculaire à OB, pour qu'il subisse la même réduction sur la glace dépolie que s'il était placé en B. On
pourra donc calculer le diamètre AB exactement comme si, la
tour étant transparente, on eût placé un mètre en B.

*Construire avec une seule photographie le plan de l'in-
térieur d'une salle.* — Soit ABCD la projection de l'intérieur

Fig. 27.

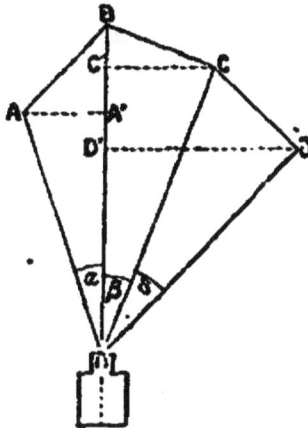

d'un édifice polygonal. Nous supposerons, toujours pour la
facilité de la démonstration, car en pratique ils sont inutiles,
des mètres placés en A, B, C, D. L'axe optique est dirigé sur
un point quelconque B, je suppose. Le mètre en A donne la
distance OA'; le mètre en B, la distance OB; le mètre en C,
la distance OC'; le mètre en D, la distance OD'. Nous pouvons, d'autre part, lire sur la glace dépolie les angles α, β,
δ, etc. Il suffit donc d'élever en D', A', C' des perpendiculaires
sur l'axe optique OB jusqu'à leur rencontre avec les côtés

prolongés des angles α, β, δ, pour avoir la position des points A, B, C, D. Reliant ces points par un trait, on aura le plan cherché.

La lecture des angles α, β, δ est, en pratique, totalement inutile. Il suffit d'élever sur la ligne d'horizon, au point B, situé dans la prolongation de l'axe optique, une perpendiculaire ayant pour longueur celle du foyer principal de l'objectif. Sur cette même ligne d'horizon on abaisse et l'on élève de chacun des points de la photographie dont on veut déterminer la position géométrique, des perpendiculaires. Reliant, comme il a été expliqué ailleurs, le pied de ces perpendiculaires à l'extrémité inférieure de la perpendiculaire représentant la longueur du foyer principal, les angles se trouvent tracés.

Déterminer avec une seule photographie le plan d'un monument oblique. — Le problème est exactement le même que le précédent. Soit BCA la section du monument non rec-

Fig. 28.

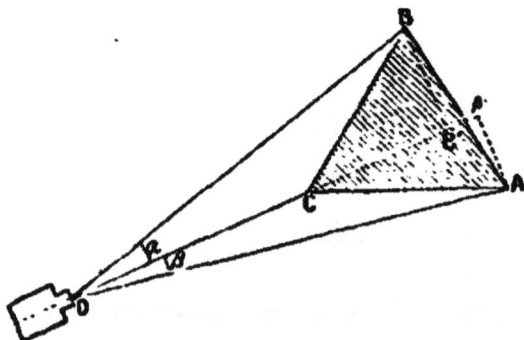

tangulaire. Nous supposons toujours, pour la facilité de la démonstration, trois mètres placés en B, C, A. L'axe optique étant dirigé sur OC; le mètre en B donne OB', le mètre en C donne OC, le mètre en A donne OA'. Les angles α et β étant lus sur la glace dépolie, il suffit d'élever en B' et A' des perpendiculaires sur le prolongement de l'axe optique OC pour.

9.

avoir, par intersections, la position des points B, C, A. Reliant
ces points par une ligne, on a le plan du monument.

*Déterminer avec une seule photographie le plan d'un
terrain horizontal.* — Ne nous occupant principalement dans
cet Ouvrage que des levers de monuments, nous ne donnons
l'application qui va suivre que comme exemple des ressources
qu'on peut dans certains cas tirer d'une photographie, et en
même temps pour montrer de nouveaux exemples de l'application des principes qui précèdent.

Soit donc (*fig.* 29) un terrain horizontal sur lequel se trouvent
une série de points A, B, C, D, E, dont nous voulons déterminer

Fig. 29.

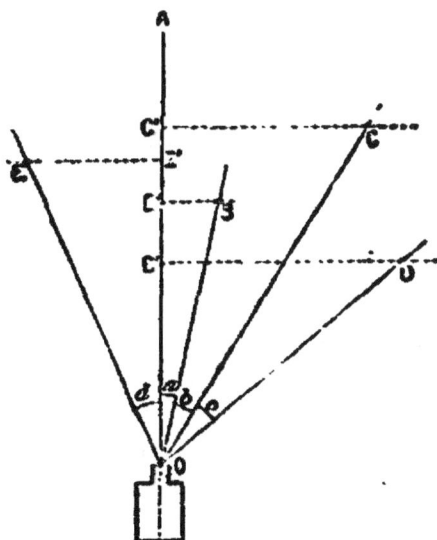

les positions respectives. Par les procédés classiques, il nous
faudrait mesurer une base. Avec la Photographie, la chose est
inutile. Il nous suffira de placer aux points A, B, C, etc., des
mires de hauteurs connues, ou, s'il s'y trouve des arbres ou
des constructions, de tracer sur les uns ou sur les autres une
marque à une hauteur connue. Si nous dirigeons l'axe optique

de l'appareil sur OA, la distance OA sera connue par la réduction de la mire placée en A; les mires en C, B, D donneront les longueurs OD', OB', OC' sur l'axe optique. Avec ces longueurs et les angles a, b, c, d, mesurés sur la glace dépolie, on a évidemment tout ce qu'il faut pour obtenir par intersections la position réelle des points A, B, C, D, etc., c'est-à-dire le plan du terrain qu'il s'agissait de déterminer.

Reconstituer avec une seule photographie, et sans l'application d'aucune mesure sur un monument, les diverses dimensions de ce monument. — Le problème que nous venons d'énoncer d'une façon générale comprend la solution de divers cas particuliers que nous avons résolus plus haut, et

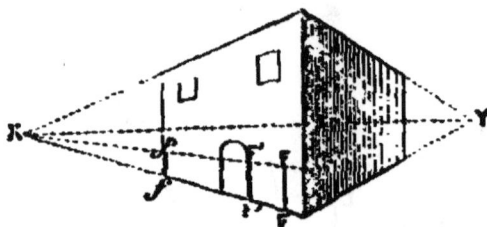

Fig. 30.

sur lesquels il serait inutile de revenir. Dans ces cas divers, nous avons toujours supposé, pour faciliter les démonstrations, qu'on prenait la peine de placer des mètres en diverses parties du monument. Ce que nous voulons montrer dans ce Paragraphe, c'est que, le plus souvent, un mètre suffit parfaitement pour donner l'échelle de tous les plans, et que l'on peut même, à la rigueur, s'en passer complètement.

Soit (*fig.* 30) un monument vu en perspective, et supposons un mètre placé verticalement en un plan quelconque FF. Le long de ce monument peuvent se trouver des portes et des fenêtres de hauteurs différentes, pour lesquelles le mètre placé en FF ne peut évidemment servir d'échelle; mais si nous relions les extrémités du mètre FF au point de fuite X, le triangle FFX donne

es hauteurs F'F'', *ff*, etc., du mètre dans les différents plans,
et par conséquent l'échelle de chacun de ces plans. En traçant ce triangle FFX, nous obtenons exactement le même
résultat que si nous avions placé plusieurs centaines de
mètres à côté les uns des autres dans les différents plans, afin
d'avoir sur la photographie des échelles permettant de
mesurer la hauteur verticale des divers objets situés dans
chacun de ces plans.

Mais nous pouvons, ainsi que je le disais plus haut, sup-
primer toute application de mètres ou de mesures sur le
monument. Il est évident, en effet, que l'appareil étant placé
bien horizontalement, tous les objets qui, sur la glace dépolie,
se trouveront sur la ligne d'horizon, c'est-à-dire sur la ligne
passant par le zéro des graduations de la glace dépolie, seront
au-dessus du sol à une hauteur précisément égale à celle du
centre de la glace dépolie. Si cette hauteur est de 1m.50 (*fig.* 31),

Fig. 31.

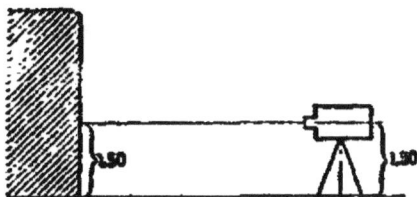

nous savons immédiatement que les parties du monument,
coupées sur la glace dépolie par la ligne d'horizon, sont
à 1m,50 au-dessus du sol. C'est donc exactement comme si
nous placions sur le monument une série indéfinie de mesures
ayant 1m,50 de hauteur.

Le procédé est exact lorsque le terrain est horizontal, et
l'on pourra l'utiliser pour la mensuration de monuments
qu'on peut bien photographier, mais dont on ne peut
approcher parce qu'un fossé, une grille ou un obstacle quelconque en sépare. Le procédé, je le répète, est suffisamment
exact, mais je ne le recommande pas par la raison qu'il est

toujours bien préférable de photographier, avec le monument, une ou plusieurs mesures qui constituent une sorte
d'enregistrement automatique des dimensions, absolument
à l'abri de toute erreur de calcul.

*Déterminer de l'entrée d'une rue la longueur de cette
rue, avec une seule photographie.* — Nous supposerons, ce
qui est d'ailleurs le cas général, les maisons parallèles. En
perspective, la projection de ces maisons sur le sol présentera
à peu près sur la glace dépolie l'aspect de la *fig.* 32. Puisque

Fig. 32.

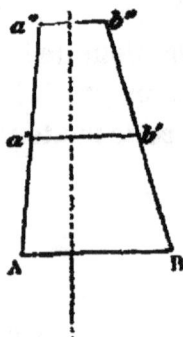

nous admettons que l'appareil photographique peut stationner
à l'entrée de la rue, nous pouvons mesurer sa largeur AB.
Plaçant l'appareil photographique à peu près dans l'axe de la
rue, il n'y a qu'à mesurer sur la glace dépolie l'intervalle
compris entre les fuyantes *a″b″* de la base des maisons, à
l'extrémité de la rue, pour avoir par la formule $D = H \times \dfrac{h}{d}$
la longueur cherchée. Dans cette formule, *d* représente la
distance focale de l'objectif, H la largeur réelle AB de la
rue, *h* la largeur apparente *a″b″* sur la glace dépolie.

Par le même procédé nous déterminerions évidemment la
distance à un plan quelconque, *a′ b′* par exemple, et, par différence, la largeur d'une maison inaccessible située dans la rue.

Si, au lieu d'une rue, il s'agissait d'une route, on détermi-
nerait de la même façon la distance de l'appareil à un point
quelconque de la route. Je donnerai plus loin une autre solution uniquement fondée sur les lois de la perspective du
même problème.

*Déterminer les différences de niveau d'un terrain par
l'étude des fuyantes sur une photographie.* — L'étude des
fuyantes permet dans certains cas de dire si le terrain sur
lequel se trouve un monument, ou une série de monuments,
est parfaitement horizontal, et, s'il ne l'est pas, la différence
de niveau qui existe entre ses différentes parties.

Pour comprendre ce qui va suivre, nous devons rappeler
que lorsque le terrain sur lequel des maisons sont construites
est descendant en face du spectateur, les fuyantes du
sommet du monument ont leur point de fuite au-dessus du
point de fuite des fuyantes de sa base, base qui suit naturellement la pente du terrain. Si le terrain est montant en
face du spectateur, on observe le contraire, c'est-à-dire
que le point de fuite des fuyantes du sommet du monument est au-dessous des points de fuite des fuyantes de sa
base. La différence verticale entre les deux points de fuite
permet de calculer la différence du niveau du terrain. Si l'on
veut exprimer la tangente de la pente du terrain en centièmes,
on trouve qu'elle est égale au rapport entre l'écart exprimé
en millimètres des deux points de fuite, et la distance focale
de l'objectif exprimée dans la même unité. En multipliant ce
rapport par la distance du monument à l'appareil, on a la
différence de niveau entre les deux points.

Soit *n* le nombre de millimètres représentant la différence
verticale entre les fuyantes du sommet du monument et celles
du terrain, F le foyer de l'objectif, P la pente en centièmes, on a

$$P = \frac{n}{F}$$

et si D est la distance horizontale de l'appareil photographique au plan du monument considéré, la différence X de niveau entre le sol sur lequel repose le premier plan du monument et le sol sur lequel se trouve son dernier plan sera

$$X = \frac{n}{F} \times D.$$

Je cite cette application, parce qu'elle m'a permis de retrouver l'origine d'une erreur que j'avais commise, en effectuant de ma fenêtre des calculs pour déterminer la longueur d'une grande rue placée devant moi. Me guidant sur l'œil, j'avais considéré le terrain placé devant moi comme horizontal. Plus fidèle que l'œil, la Photographie m'a indiqué une différence de niveau qui avait été l'origine de mon erreur. De ma fenêtre aux maisons situées à l'extrémité de la rue, il y a une longueur horizontale de 172ᵐ. Les fuyantes de la base des maisons et celles de leur sommet se joignaient en deux points différents, présentant un écart vertical de 2ᵐᵐ,5. Le foyer de l'objectif était de 0ᵐ,28. Effectuant les calculs précédents, j'ai trouvé pour la différence X de niveau entre le sol de la rue, au pied de ma maison, et le sol de la rue, au pied de la dernière maison, à 172ᵐ en face de ma fenêtre,

$$X = \frac{2^{mm},5}{280} \times 172 = 1^{m},54.$$

Ce n'est du reste qu'en cas de terrain et de monuments très réguliers qu'on pourra espérer une précision suffisante.

Déterminer avec une seule photographie prise du haut d'une fenêtre les dimensions diverses des monuments photographiés, connaissant uniquement la hauteur au-dessus du sol de la fenêtre de laquelle on a opéré. — Il arrive fréquemment qu'on prend d'une fenêtre la photographie de monuments placés devant soi. Si l'on connaît la hauteur de la fenêtre, hauteur qui s'obtient aisément en laissant dérouler

jusqu'au sol un ruban gradué à roulette, il est facile de déterminer toutes les dimensions des monuments placés devant soi.

Ce problème, que nous apprendrons à résoudre par d'autres
méthodes, dans une autre Partie de cet Ouvrage, impliquant
la solution de cas déjà étudiés, nous ne ferons qu'indiquer
succinctement la marche à suivre. Connaissant la hauteur
de l'appareil au-dessus du sol, une visée horizontale avec la
chambre noire employée comme niveau donne une hauteur
égale sur un des monuments placés devant l'appareil. C'est
cette hauteur qui remplacera le mètre qu'on n'avait pu aller
poser sur le monument. Au moyen des fuyantes, on aura la
valeur de cette grandeur dans un plan quelconque, et par
conséquent l'échelle de tous ces plans.

La profondeur des divers édifices placés devant l'appareil
sera déterminée par une des méthodes indiquées dans ce
Chapitre.

La différence de niveau pouvant exister entre la base de la
maison d'où l'on opère, et la base d'un autre édifice quelconque
sera obtenue comme il est dit dans le Paragraphe précédent.

*Déterminer graphiquement, avec une seule photographie,
la hauteur et la largeur de toutes les maisons d'une rue
au moyen des fuyantes et de la distance focale.* — En ce
qui concerne la hauteur des diverses maisons, j'ai déjà dit
plus haut, comment avec un mètre placé à l'entrée de la rue
et le tracé d'une fuyante allant du sommet de ce mètre au
point de fuite, on pouvait connaître la valeur du mètre dans
tous les plans possibles, et par conséquent la hauteur verticale des divers monuments de la rue. La profondeur de chaque
édifice se détermine par diverses méthodes. L'une d'elles a
déjà été décrite page 105. Celle que je vais exposer est fondée
sur d'autres principes.

Soit (*fig.* 33) ABMC la perspective d'une rue à maisons parallèles, telle que nous l'avons calquée sur une photographie. Prolongeant les fuyantes AC, BM, nous avons le point de fuite F.

Une parallèle à AB passant par ce point donne la ligne
d'horizon FH. Sur cette ligne on portera à partir du point F
une longueur FO égale à la longueur focale principale de l'objectif, 0^m,28, je suppose. On divisera ensuite AB en parties
égales Bq', $q'p'$, etc., représentant chacune une grandeur quel-

Fig. 33.

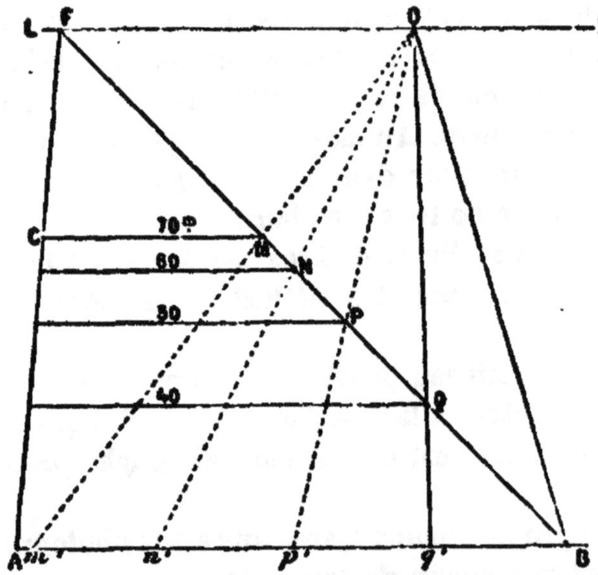

conque, 10^m par exemple. Il n'y aura plus alors qu'à joindre m',
n', p', q', au point O, et mener par les points d'intersection
M, N, P, Q des lignes obliques ainsi obtenues avec la fuyante
BF, des parallèles à AB, pour obtenir sur la photographie
des lignes, inégalement espacées par suite des lois de la
perspective, mais qui interceptent des espaces égaux. Si
$p'q'$ représente 10^m, une maison dont la base vue en perspective irait de P en Q aura 10^m de largeur. Naturellement on
ne trace de parallèles qu'entre les points dont on a besoin
de connaître l'écartement. Si MN est la base d'une maison.
il n'y a qu'à mesurer m' n' pour avoir la profondeur de cette
maison.

La seule opération sur le terrain est, comme on le voit, de

10

mesurer directement, ou indirectement par application d'un
mètre, la largeur AB. Si elle vaut 10ᵐ, par exemple, en la
divisant en 10 parties sur la photographie, chaque division
vaudra 1ᵐ. On prolongera cette échelle à droite et à gauche
suivant les besoins.

La méthode précédente nécessite une assez grande feuille
de papier. Nous avons supposé un foyer de longueur telle
que le point O se trouve à 0ᵐ,28 de F, mais on peut,
pour simplifier la construction, prendre une fraction quelconque de cette distance, le quart, par exemple, soit 0ᵐ,07;
mais alors il faudra multiplier par 4 toutes les distances lues
sur la ligne AB. Si 0ᵐ,01 représentait 1ᵐ, il représentera 4ᵐ
maintenant.

La dernière opération que je viens d'indiquer est la conséquence de ce principe bien connu en perspective, que si l'on
réduit dans la même proportion une distance prise sur la
ligne d'horizon LH et une grandeur prise sur la base d'un objet
AB, on ne change pas la profondeur perspective de cet objet.

*Construire sur une photographie le plan géométrique
du monument dont la photographie donne la perspective.*
— Si le principe des réductions que subissent les objets
situés en dehors de l'axe optique a été bien mis en évidence
par les nombreux exemples contenus dans ce Chapitre, le
lecteur comprendra à première vue la construction graphique
représentée *fig. 34*.

Nous supposerons la photographie collée sur un carton. On
demande de déterminer la hauteur du monument représenté,
sa profondeur et le plan géométrique passant par la ligne
d'horizon LH ('). Je ne parle pas de son élévation qu'on

(') J'ai supposé que le plan géométrique devait passer par la
ligne d'horizon LH pour simplifier le dessin. En pratique, le plan
demandé sera généralement celui passant par la base du monument.
Dans ce cas on tracerait les angles en joignant le point O aux

obtient immédiatement par une photographie prise de face.

La première opération est de déterminer, par une des méthodes que nous avons indiquées, la ligne d'horizon et le point X où aboutit le centre optique. On connaît le foyer de l'objectif, et, par application d'un mètre sur le monument, ou par une simple visée horizontale, on connaît également la hauteur d'une ligne verticale quelconque, Xx par exemple.

Sur la photographie nous tracerons une ligne indéfinie OY passant par la projection X du centre optique, et sur cette ligne nous prendrons une longueur OX égale en longueur vraie à la longueur focale. Par les points C, B, A, X, etc., dont on veut connaître le plan, menons les lignes indéfinies OCC", OBB", OAA', etc., etc. On obtient ainsi les angles que fait l'axe optique OY avec chacune des diverses parties du plan considéré du monument. Il s'agit maintenant d'élever sur cet axe optique OY, en des points convenables, des perpendiculaires dont les intersections avec les lignes précédentes donneront la position géométrique des points que la photographie ne donne qu'en perspective. Or, nous avons montré que si, connaissant une hauteur sur un monument,

nous voulons déterminer par la formule $D = H\dfrac{d}{h}$ la distance

à l'appareil photographique d'une portion de ce monument placée en dehors de l'axe optique, nous obtenons, non pas la distance de l'objet à l'appareil, mais celle de sa projection sur l'axe optique. Dans la formule précédente, H (grandeur quelconque prise sur le monument) est connu, d foyer de l'objectif, est également connu; quant à h, réduction de H, c'est la hauteur sur la photographie des lignes verticales Bb, Aa, Ff, etc., etc. Effectuant les calculs pour chacune des valeurs de D qu'on désire connaître, on obtient des longueurs, OA', OX',

perpendiculaires menées jusqu'à la ligne d'horizon de chacun des points dont on veut avoir le plan, exactement comme il est indiqué page 95.

OE', OB', etc., que nous reportons toutes à l'échelle choisie pour le plan sur l'axe optique OY, et qui représentent les projections

Fig. 31.

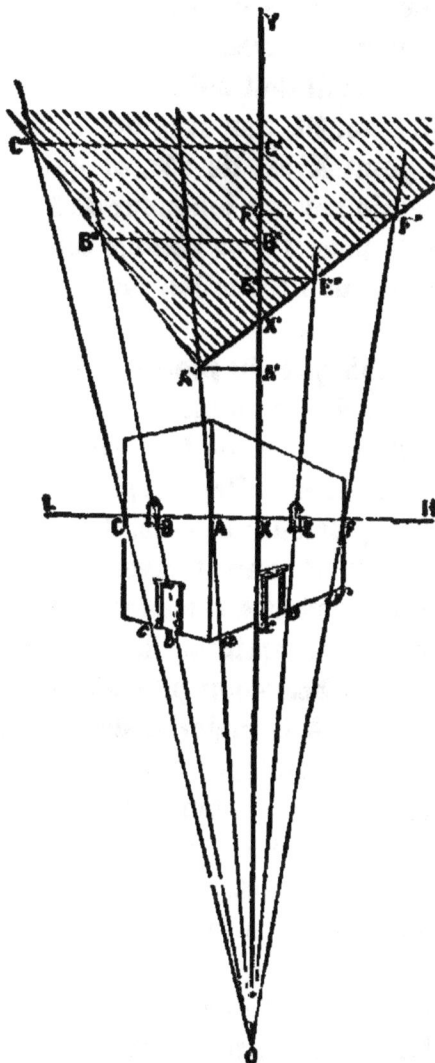

des points A, X, E, etc., sur cet axe optique. Élevant par chacun de ces points des perpendiculaires A'A", E'E", FF", etc., elles déterminent par leur intersection avec les côtés des angles tracés, comme il a été dit plus haut, la position géométrique des points A, B, C, E, etc. Reliant ces points par une ligne continue, comme cela est fait sur un dessin, on a le plan cherché.

La longueur focale doit être tracée sur le papier en vraie grandeur, à moins qu'on ne préfère calculer les angles par leurs tangentes ; mais la distance vraie des diverses parties du monument à l'objectif doit subir une réduction qui représente l'échelle du plan. Si, par exemple, la distance calculée de l'appareil au point X' est de 25ᵐ, et que nous la représentions sur le dessin par une longueur de 0ᵐ,25, le plan sera à l'échelle de 0ᵐ,01 pour 1ᵐ, et chaque longueur portée sur l'axe OY devra subir une réduction identique.

Construction graphique du plan géométrique d'un monument photographié, connaissant seulement le foyer de l'objectif, le centre optique et la ligne d'horizon. — La construction indiquée dans le Paragraphe précédent est assez longue et implique plusieurs calculs. Je ne l'ai donnée que parce qu'elle constituait une nouvelle application de la méthode générale consistant à ramener toutes les opérations à des mesures sur l'axe optique. La méthode que je vais décrire maintenant est beaucoup plus simple, n'exige aucun calcul et est applicable à la majorité des cas. Il n'est nullement nécessaire pour l'employer que la chambre noire soit parallèle à une des faces du monument photographié.

Soit (*fig.* 35), *a, b, d*, la photographie du monument dont il s'agit de trouver le plan géométrique. Cette photographie étant collée sur un carton, traçons la ligne d'horizon LH, la projection du centre optique *o* (ce dernier point représente le point de fuite principal). Menons à une distance quelconque de LH la ligne LT (ligne de terre) parallèle à LH. Si nous connaissons le foyer de l'objectif employé, nous avons tout ce qui est nécessaire pour la reconstitution du plan.

Portons sur LH, à partir du point O, une longueur OF égale à la distance focale principale de l'objectif. Par les

points *a*, *b*, *d* de la portion du monument dont on veut resti-
tuer le plan, menons les fuyantes principales O*a*, O*b*, O*d*
jusqu'à leur rencontre en A, B, D avec la ligne de terre LT,
Menons ensuite par les mêmes points les obliques, ou lignes

Fig. 35.

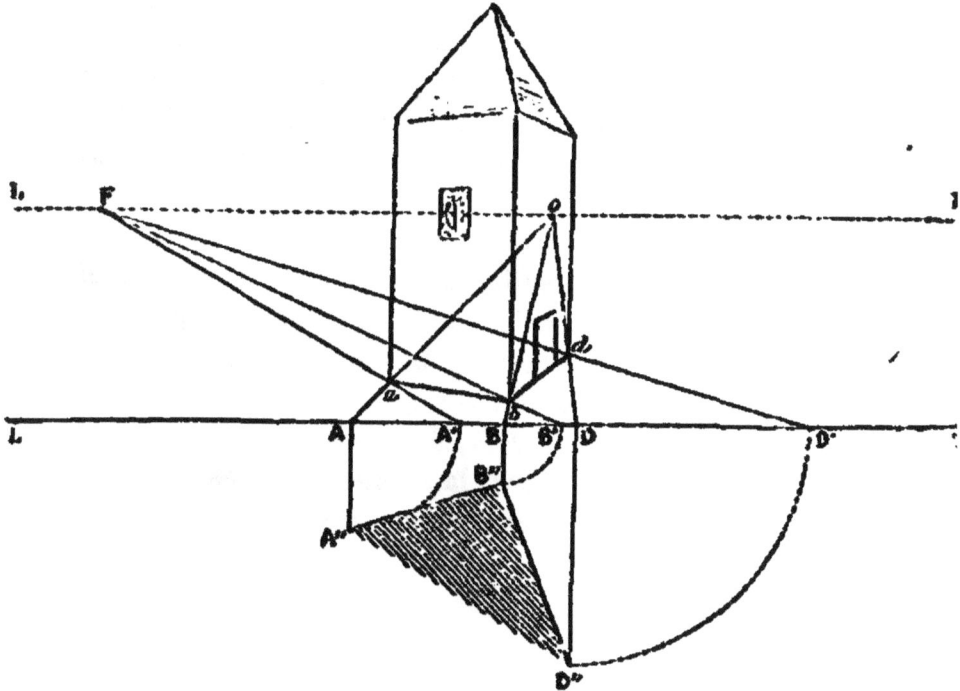

de distance, F*a*, F*b*, F*d* prolongées jusqu'à leur intersection
en A', B', D' avec la même ligne de terre LT. Par les points
A, B, D élevons des perpendiculaires ayant respectivement
pour longueurs AA', BB', DD'. Il ne reste plus qu'à joindre
par un trait continu les extrémités A', B', D' de ces perpendiculaires pour avoir le plan cherché. On répétera les mêmes
opérations pour toutes les parties, portes, etc., dont on voudra
connaître la position.

Deux faces seulement du monument étant visibles sur
la photographie, le plan ne pourra naturellement représenter
que ces deux faces.

Pour avoir l'échelle du plan, on n'aura qu'à mesurer par un des moyens déjà indiqués, notamment par application d'un mètre, une grandeur quelconque sur le monument.

La position de la ligne de terre LT est, comme je l'ai dit, arbitraire. Selon qu'elle sera plus ou moins loin de la ligne d'horizon LH, le plan géométrique sera plus ou moins grand, mais les figures obtenues seront toutes semblables. Le déplacement de la ligne d'horizon LH, et par conséquent du centre optique O, entraînerait au contraire la déformation du cône perspectif, et par suite celle de sa section par le géométral.

Les objectifs dont on fait généralement usage ayant 0^m,25 à 0^m,30 de foyer, il faudrait pour exécuter l'opération précédente faire usage d'une feuille de papier assez grande. Si l'on veut éviter cet inconvénient, on peut opérer, comme nous l'avons vu ailleurs, en réduisant la longueur oF. On peut en prendre la moitié, le tiers ou le quart, à la simple condition que les longueurs AA' BB', DD' soient multipliées par 2, 3 ou 4. Dans ces conditions, la longueur des perpendiculaires AA", BB", DD" ne sera pas modifiée.

CHAPITRE VI.

LEVERS PHOTO-TOPOGRAPHIQUES.
TRIANGULATION PHOTOGRAPHIQUE AVEC UNE SEULE PHOTOGRAPHIE
MESURE DE GRANDES BASES.

1. *Levers topographiques par intersections photographiques.* — Analogie de cette méthode avec le lever ordinaire à la planchette. — Cas auxquels elle est applicable. — Planimétrie et altimétrie déterminées au moyen de deux images. — 2. *Triangulation photographique.* — Construction d'un canevas trigonométrique pour le lever des cartes d'une grande étendue. — Emploi combiné de la Photographie et des signaux lumineux pour la mesure de grandes bases et la construction des cartes en voyage.

1. — Levers topographiques par intersections photographiques.

Bien que cet Ouvrage soit surtout consacré à l'étude des monuments et au parti qu'on peut tirer d'une seule photographie sans aucune mesure de base, nous consacrerons, quelques pages à une intéressante application de la Photographie à la Topographie, qui peut rendre des services quand on désire lever avec précision le terrain environnant un monument.

La méthode que nous allons exposer a été imaginée, il y a plus de trente ans, par le savant colonel Laussedat, aujourd'hui directeur du Conservatoire des Arts et Métiers. Par les plans de pays montagneux avec courbes de niveau, exposés dans les salles publiques du Conservatoire, chacun peut

juger de la précision des résultats obtenus par M. Laussedat
et ses collaborateurs. Sa méthode est parfaitement décrite
dans deux Mémoires publiés par le *Mémorial de l'officier
du génie*, et l'on a peine à s'expliquer, quand on les a lus,
que des auteurs allemands, tels que MM. Meydenbauer et
Stolze, aient pu concevoir l'idée de s'en emparer, sans mentionner son inventeur et sans même essayer d'y apporter le
plus léger changement (*). Elle est enseignée aujourd'hui en
Allemagne sous le nom de Photogrammétrie, exactement
telle que l'a exposée M. Laussedat, et avec des appareils parfaitement identiques à ceux qu'il a décrits.

Cette méthode est théoriquement très simple. Si, des deux
extrémités d'une base de longueur connue, on prend des
photographies d'un paysage, on peut, lorsqu'on a mesuré en
chaque station l'angle que fait la base avec l'axe optique de
l'objectif, reconstituer par des intersections graphiques un
plan géométrique avec les images perspectives obtenues. On
opère exactement, dans ce cas, comme on le fait dans le lever
à la planchette, et l'appareil photographique sert simplement
à enregistrer automatiquement les éléments du lever à la
planchette que le topographe est obligé d'inscrire à la main

Pour les personnes qui font habituellement de la Topographie et de la Photographie, cette méthode est tout à fait
excellente, parce que, outre le lever géométrique du terrain,
elle en donne, par la photographie, l'aspect véritable que ne
remplacera jamais un plan, quelque détaillé qu'il soit. Le plan
ne donne, en effet, que la projection horizontale du terrain, et
ce n'est qu'à l'aide de conventions ingénieuses, mais qui
exigent un véritable effort de l'esprit et ne satisfont jamais
l'œil, que l'on parvient à en exprimer le relief.

Excellente pour les levers topographiques, cette méthode
est absolument inutile pour les levers des monuments. Elle

(*) Voir à ce sujet l'article que nous avons publié dans la *Revue
scientifique* du 19 février 1887.

ferait perdre, sans intérêt, un temps considérable pendant
l'opération, et surtout au retour. En moins d'une minute, en
effet, on peut, par la Photographie, obtenir, réduite à une
échelle quelconque, l'élévation d'une façade, alors que par le
dessin, au moyen d'intersections prises sur des photographies,
il faudrait plusieurs jours. Quelques photographies, sans
aucune mesure de bases, suffisent dans la plupart des cas
pour donner toutes les dimensions des monuments dont on
peut avoir besoin. Dans les cas les plus compliqués, un petit
nombre de mesures complémentaires, prises avec des instruments très simples, fournissent toutes les indications nécessaires pour connaître les diverses mensurations dont on peut
avoir besoin.

La méthode des intersections photographiques du colonel
Laussedat ne doit donc être employée, je le répète, que pour
des levers de terrain, surtout de terrains accidentés qu'on peut
photographier d'un point élevé. Voici, dans ce cas, la façon
d'opérer :

Supposons que des extrémités d'une base AB (*fig.* 36) préalablement mesurée sur le terrain, nous déterminions les angles
α et β que fait cette base avec un objet quelconque *d″* faisant
partie du terrain dont il s'agit de faire le lever topographique, puis que de chacune des extrémités de cette même
base nous prenions une photographie. Nous aurons entre les
mains tous les éléments nécessaires pour reconstruire le plan
du terrain reproduit sur les deux photographies.

Pour construire ce plan, nous commencerons par tracer
sur le papier la base mesurée, réduite dans une proportion
qui sera précisément l'échelle du plan. Si la base a 120ᵐ, par
exemple, et que nous lui donnions 0ᵐ,12, nous aurons un
plan au centième.

Reportant aux extrémités de cette base les angles α et β
mesurés, et prolongeant les côtés de ces angles, nous aurons
par intersection la position du point *d″*. La position de ce point
va nous servir à placer convenablement les photographies

destinées à être transformées en plan géométrique. Supposons la ligne d'horizon LH et la projection o du centre optique tracées sur les photographies, par les moyens indiqués dans d'autres Chapitres. De tous les points du paysage N, D, etc., dont nous voulons connaître la position géométrique, nous abaisserons sur cette ligne LH des perpendiculaires Nn', Dd', etc.

Fig. 36.

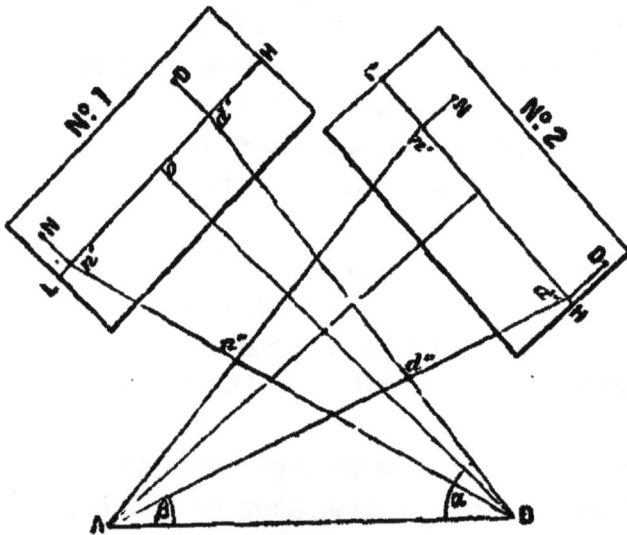

Les photographies étant ainsi préparées, supposons que nous voulions orienter la photographie marquée n° 1; nous élèverons sur la ligne d'horizon, et par la projection o du centre optique, une perpendiculaire oB ayant exactement la longueur focale de l'objectif. Si nous joignons d' à B, l'angle oBd' représente l'angle que fait le point d', choisi comme point de repère, avec l'axe optique oB. Pour que la photographie soit orientée, il faut que le sommet B de oB coïncide avec l'extrémité correspondante de la base AB et que la ligne Bd' fasse avec cette base AB un angle α précisément égal à celui mesuré sur le terrain. On y arrivera en faisant, au moyen d'une règle et d'une équerre, tourner oB autour du point B jusqu'à ce que Bd' passe par d". La photographie sera alors orientée. Une opération identique sur la seconde photographie marquée n° 2 donnera également son orientation.

Les deux photographies ainsi orientées relativement à la base et collées sur du papier bristol, il suffira, pour déterminer la position géométrique d'un point quelconque, figurant à la fois sur les deux photographies, n' par exemple, de le relier aux extrémités de la base AB pour avoir immédiatement par intersection sa projection n".

Il est évident que si l'on avait un objectif dont le champ permit d'embrasser à la fois, à chaque station, une extrémité de la base et un objet quelconque du paysage, aucune mesure angulaire autre que celles déduites de la photographie elle-même ne serait nécessaire pour la reconstruction du plan. Avec des objectifs grands angulaires, dont le champ atteint 90°, ce cas serait le plus général.

Les constructions qui précèdent donnent la planimétrie d'un terrain. L'altimétrie, c'est-à-dire la mesure des hauteurs verticales de chaque point, nécessaire pour déterminer les cotes des courbes de niveau, se déduira également des mêmes photographies. Soit à déterminer, par exemple, la hauteur du point N au-dessus de la ligne d'horizon prise comme ligne de comparaison. En mesurant la longueur de la perpendiculaire Nn' abaissée de ce point sur la ligne d'horizon LH, nous aurons évidemment la tangente de l'angle de visée dans un cercle qui aurait Bn' pour rayon. Appelons D la distance Bn" obtenue par intersection sur le plan, comme nous l'avons expliqué plus haut, h la hauteur Nn', δ l'angle vertical de visée, et H la hauteur cherchée de N au-dessus du plan d'horizon évaluée à l'échelle du plan on a évidemment

$$H = D \times \tang \delta,$$

mais, comme

$$\tang \delta = \frac{h}{Bn'},$$

on a finalement

$$H = D \times \frac{h}{Bn'}$$

En multipliant le chiffre ainsi obtenu par l'inverse de l'échelle du plan, on aura la grandeur de H sur le terrain. Si, par exemple, l'échelle est au $\frac{1}{1000}$, on multipliera H par 1000.

2. — Triangulation photographique.

Construction d'un canevas trigonométrique pour le lever des cartes d'une grande étendue. — La triangulation d'un terrain destinée à former le canevas d'une carte repose, comme on le sait, sur la mesure d'une base et de deux angles à l'extrémité de cette base. La mesure des angles peut se faire soit avec un appareil quelconque destiné à mesurer les angles, comme le font tous les topographes, soit en enregistrant ces angles par la Photographie, suivant la méthode de Laussedat. Cette dernière méthode ne diffère, comme nous l'avons vu, du lever ordinaire à la planchette, qu'en ce que l'opérateur enregistre automatiquement les angles que le topographe est obligé de marquer au crayon sur sa planchette ou de lire sur son graphomètre.

Le but constant de cet Ouvrage étant de n'avoir recours dans les opérations qu'à une seule photographie, nous avons cherché à obtenir avec une seule image les éléments de construction de triangles pouvant servir à établir un canevas trigonométrique. Nous allons voir maintenant qu'on peut, sans autre opération supplémentaire qu'une visée à la boussole sur une extrémité d'une base, lire sur une photographie pittoresque ordinaire les éléments d'une triangulation permettant de construire une carte ou de la compléter.

Avec la méthode nouvelle que je vais exposer, au lieu de prendre des photographies de chacune des extrémités de la base d'un triangle, on n'en prend qu'une du sommet de ce triangle. Elle suffit à fixer à la fois la position de l'opérateur et les distances auxquelles il se trouve de divers points. Toute autre photographie contenant un côté quelconque du triangle ainsi déterminé permettra, sans la connaissance d'aucun élément nouveau, la construction de nouveaux triangles. Par une série de photographies successives, on arriverait ainsi à établir de proche en proche le canevas trigonométrique d'une grande étendue de terrain. Il aurait sur le canevas trigonométrique ordinaire l'avantage de donner, outre le plan géométrique de la contrée, son aspect véritable tel que l'œil le perçoit.

La méthode n'implique, comme je viens de le dire, qu'une photographie et une visée à la boussole sur un des points formant l'extrémité de la base qui doit figurer sur la photographie. Pour montrer sa simplicité, je vais donner l'exemple d'une triangulation que j'ai exécutée, dans laquelle un des côtés avait plus de 7 kilomètres de longueur. Elle a été obtenue avec une seule photographie prise de la terrassé de Bellevue, et qui comprenait dans les objets représentés deux points : une des tours du Trocadéro et le dôme des Invalides dont l'orientation et la distance étaient connues. La seule opération, en dehors de la Photographie, a été une visée à la boussole sur un des deux points précédents en même temps qu'on prenait la photographie.

Représentons par B (*fig.* 37) la tour du Trocadéro, par A les Invalides et par C la position, supposée inconnue, d'où a été prise la photographie. Il s'agit de déterminer les longueurs CB, CA et la position C.

Les données du problème sont les suivantes :

BA = 2000^m,

Orientation β de BA = 67° Ouest ([1]),

Angle δ mesuré à la boussole = 44°,

Angle en C mesuré sur la photographie = 15°,4'.

(Pour avoir l'angle en C, on divise simplement, comme nous

([1]) J'ai corrigé les angles de la déclinaison pour qu'on puisse refaire les opérations avec la Carte au $\frac{1}{20000}$ des environs de Paris.

l'avons vu, le nombre de millimètres compris sur la photographie entre la représentation des points A et B — le premier ou le second ayant été amené au centre de la glace dépolie — par la longueur focale de l'objectif, et l'on recherche dans une Table de tangentes naturelles l'angle correspondant à la tangente ainsi obtenue.)

Pour calculer CB et CA, il faut connaître les angles en B

Fig. 37.

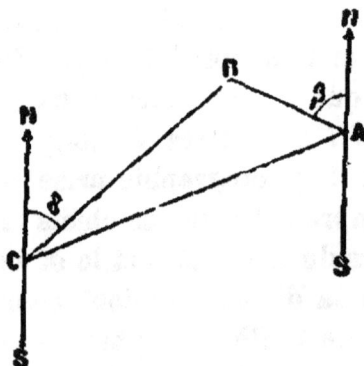

et en A. On les déduit très aisément des données précédentes. On a, en effet

$$B = \delta + \beta = 111° (^*)$$
$$A = 180 - (B + C) = 53° 56'.$$

Nous sommes alors ramené au cas élémentaire de la résolution d'un triangle dont on connaît un côté et les angles adjacents. Nous aurons donc

$$CA = \frac{BA \sin B}{\sin C} = 7183^m,$$
$$CB = \frac{BA \sin A}{\sin C} = 6219^m.$$

(*) Les personnes qui ne verraient pas immédiatement que B = δ + β n'ont qu'à diviser l'angle en B par une ligne parallèle à la ligne NS, l'angle en B se trouvant ainsi divisé en deux angles dont l'un est évidemment égal à δ, l'autre à β. L'angle en B représente donc bien la somme de ces deux angles.

Les distances respectives de l'opérateur à l'une des tours du Trocadéro était donc de 6219ᵐ, et au dôme des Invalides de 7183ᵐ. L'erreur commise est d'environ 20ᵐ, quantité insignifiante sur de pareilles distances.

Je n'ai pas besoin d'ajouter qu'avec le triangle précédent on a tout ce qu'il faut pour déterminer sur la carte la position du point C où se trouvait l'opérateur. Il est évident, en effet, que sa position sera déterminée par l'intersection de deux arcs de cercle tracés de B et A avec les longueurs BC et AC réduites à l'échelle de la carte sur laquelle on opère, ou encore simplement en traçant de B ou de A sur la carte une ligne ayant pour longueur CB ou CA, et faisant avec la ligne BA l'angle B ou l'angle A trouvés dans l'opération précédente.

J'ajouterai, pour les personnes qui désireraient faire uniquement la carte d'une contrée, que l'appareil photographique peut être remplacé simplement par notre télestéréomètre décrit dans la seconde Partie de cet Ouvrage; grâce à son champ et à sa précision, il permet de mesurer les angles avec plus d'exactitude que le meilleur graphomètre monté sur pied, et avec une rapidité incomparablement plus grande.

Lorsque la base a été bien mesurée, l'opération précédemment décrite est fort précise. Quand on se trouve devant une ville ou une place forte, il n'est généralement pas difficile de découvrir deux points de repère dont la distance et l'orientation sont connues. Dans ces conditions, la carte de toute la région entourant la place forte pourrait être levée très rapidement et sans provoquer l'attention, puisque l'appareil peut rester toujours caché dans la main.

Le lecteur qui a suivi les calculs précédents pourrait se demander pourquoi on ne mesure pas à la boussole l'angle en C comme on l'a fait pour l'angle δ. La raison en est simplement que l'angle en C étant généralement assez petit a besoin d'être mesuré avec précision, ce qui est impossible avec une boussole ordinaire et facile, au contraire; soit avec la Photographie, soit avec le télestéréomètre.

Emploi combiné de la Photographie et des signaux lumineux et bruyants pour la mesure de grandes bases et la construction des cartes en voyage. — La méthode de triangulation au moyen d'une seule photographie, exposée dans le Paragraphe précédent, constituerait le moyen le plus sûr et le plus rapide de lever la carte d'une contrée s'il n'exigeait la mesure d'une grande base, opération à peu près impossible en voyage, à moins d'un matériel encombrant et d'une perte de temps énorme. La méthode, telle que je l'ai exposée, ne pourrait donc être appliquée que pour compléter la carte de régions connues. Elle serait inapplicable dans les régions inconnues que peut avoir à parcourir un explorateur.

Pour que notre méthode fût applicable partout, il faudrait pouvoir trouver le moyen de mesurer en quelques minutes, et sans difficulté, des bases de plusieurs kilomètres. J'ai entrepris quelques recherches pour arriver à résoudre ce problème. Elles ne sont pas encore terminées parce qu'elles impliquent la solution de plusieurs questions accessoires, mais elles suffisent à prouver la possibilité de la solution pratique du problème. Je les mentionne ici pour attirer l'attention des personnes, telles que les officiers d'artillerie, qui peuvent très aisément faire des expériences variées sur ce sujet.

La méthode de mesure des grandes bases dont je veux parler, est celle qui repose sur la mesure de la vitesse du son. Indiquée partout, elle n'a jamais été sérieusement appliquée nulle part, par suite de l'imperfection des signaux et de la complication des moyens employés pour mesurer avec exactitude de petites fractions de temps. En remédiant à ces deux inconvénients, la méthode peut fournir des résultats excellents, et aucune autre ne pourrait lui être comparée comme commodité et rapidité.

Supposons en effet qu'un signal à la fois lumineux et bruyant se montre à quelques kilomètres d'un observateur, et que ce dernier possède le moyen de mesurer très exacte-

ment le temps écoulé entre le moment où apparaît le signal
lumineux et celui où l'on entend l'explosion qui l'a accom-
pagné. Il est évident que l'intervalle qui s'écoulera entre les
deux phénomènes donnera la distance qui sépare l'observateur du signal, puisque la vitesse de propagation du son est
connue et que celle de la lumière est à peu près instantanée.
Toute la valeur de la méthode dépendra uniquement de la
netteté des signaux et de la valeur des instruments employés
pour mesurer le temps.

La difficulté d'avoir des signaux assez lumineux et assez
bruyants pour être perçus à grande distance, et en même
temps très portatifs, est plus grande qu'elle ne le paraît.
Dans l'état actuel des choses, la pyrotechnie possède des
pièces d'un faible volume dont l'explosion peut être vue et
entendue à 8 kilomètres, ainsi que je l'ai constaté par l'expérience. Grâce à l'emploi des nouvelles poudres au magnésium,
si utilisées aujourd'hui pour la Photographie instantanée, je
suis persuadé qu'on pourra rendre les signaux plus visibles
encore. J'ai prié la maison Ruggieri de faire des essais dans
cette voie, mais ils ne sont pas terminés.

Pour l'évaluation des distances, il serait nécessaire, lorsqu'on
veut obtenir une grande précision, que l'instrument d'horlo-
gerie marquât exactement les centièmes de seconde. En
supposant alors $\frac{2}{100}$ ou $\frac{3}{100}$ de seconde d'erreur dans le
pointage, ce qui serait un maximum, parce que le retard du
premier pointage dû à l'équation personnelle de l'observateur
est annulé par le retard du second pointage, l'erreur ne serait
que d'une dizaine de mètres pour 10^{km}.

Le nouvel appareil décrit dans le Chapitre de cet Ouvrage
consacré à la Photographie instantanée, permettrait très facilement cette mesure, puisqu'il permet de mesurer les millièmes
de seconde. Il est aisé à chacun, avec les indications que j'ai
données, de le faire construire; mais comme cet instrument
n'est pas dans le commerce, il serait inutile d'insister sur
son emploi. Les seuls appareils pratiques existant actuelle-

ment qu'on puisse recommander pour la mesure de fractions
de seconde, sont les chronographes enregistreurs employés
pour les courses (¹). Chacun sait qu'il suffit — sans regarder
l'instrument — d'appuyer sur un bouton pour le mettre en
marche et d'appuyer sur un autre bouton pour l'arrêter. On
lit alors en secondes et en cinquièmes de seconde le temps
écoulé entre les deux opérations. Cet instrument est très
portatif et très pratique, et son prix est très minime. Malheureusement il ne peut donner que les cinquièmes de seconde,
ce qui ne constitue pas une précision bien grande. La précision sera cependant supérieure à celle qu'on pourrait
obtenir en voyage par la plupart des autres méthodes, à la
simple condition que la base à mesurer soit assez longue.
L'erreur sera de 80^m à 100^m sur une longueur de 8^{km}, soit
de $\frac{1}{100}$ environ.

Cette erreur étant surtout une erreur instrumentale, est
indépendante évidemment de la longueur de la base. Elle
serait identique pour une base de 100^m et pour une de 10000^m.
On a donc tout intérêt à choisir une base très longue, puisque
l'erreur relative deviendra d'autant plus faible que la base
sera plus grande. C'est le contraire de ce qui s'observe dans
toutes les méthodes de mesure de bases, où les erreurs
deviennent d'autant plus grandes que la base mesurée devient
plus longue.

Quant à la façon d'opérer, elle est fort simple. L'observateur
doit s'astreindre d'abord à cette condition, qu'à chaque extrémité de la base se trouve un objet facile à reconnaître, arbre
isolé, maison, etc. Se tenant alors le chronographe à la

(¹) J'ai vu de ces chronographes avec rappel au zéro chez plusieurs
horlogers, notamment chez Hector Lévy, 139, boulevard Sébastopol,
pour 25^{fr}. Pour 80^{fr} environ on peut se procurer une excellente
montre marquant, outre les cinquièmes de seconde, comme dans le
compteur précédent, les heures et les minutes. Une telle montre
constitue un instrument fort utile aux voyageurs.

main à l'une des extrémités de la base, on envoie à l'autre
extrémité l'aide chargé d'allumer le signal explosif. Aussitôt
qu'on voit la flamme, on appuie sur le bouton qui met les
aiguilles en marche, et, dès que le bruit de l'explosion se fait
entendre, on presse le bouton qui arrête les aiguilles. Il ne
reste plus alors qu'à lire sur le cadran le temps qui s'est
écoulé entre les deux phénomènes et faire une multiplication
pour avoir la distance cherchée. Supposons que l'opération
ait été faite à la température de 0, et que le temps écoulé
entre l'apparition du signal lumineux et le bruit de l'explosion
soit de 24°,5. La propagation de la lumière pouvant être
considérée comme instantanée pour de faibles distances, alors
que la vitesse de propagation du son est de 331ᵐ par seconde
à la température de 0, on voit que la distance entre les deux
stations est $331 \times 24°5 = 8110ᵐ$.

Pour les observations faites aux températures au-dessus
de 0, la vitesse de propagation du son étant plus grande, il
faut tenir compte de la différence. L'accroissement de la
vitesse de la propagation du son est à peu près de 0ᵐ,67 par
degré de température, à 25° elle est donc de 348ᵐ par seconde
au lieu de 331ᵐ (¹).

(¹) Le moyen classique de corriger l'influence de la température
est de multiplier la vitesse du son à 0, c'est-à-dire 331ᵐ par $\sqrt{1 + at}$,
a étant le coefficient de dilatation de l'air = 0,00367 et t la température de l'air au moment de l'observation. Le calcul est assez long
et ne donne pas une précision sensiblement supérieure à celle qu'on
obtient en opérant comme nous l'avons indiqué, c'est-à-dire en
ajoutant 0ᵐ,67 par degré à la vitesse du son à 0.

Quant à l'influence de la vitesse du vent, elle peut être négligée
entièrement parce que cette vitesse est très faible vis-à-vis de celle
de la transmission du son. Le seul inconvénient sérieux du vent,
c'est qu'il peut atténuer notablement l'intensité du son. Il serait à
désirer d'ailleurs que la vitesse de propagation du son et les causes
qui peuvent l'influencer fussent étudiées de nouveau avec des méthodes plus précises que celles employées dans les vieilles expériences exécutées il y a longtemps, et qui sont encore les seules qui
figurent actuellement dans les Traités de Physique.

La mesure d'une base effectuée comme il vient d'être dit est fort rapide. La base étant mesurée, il suffit de connaître son orientation avec une visée à la boussole pour qu'on puisse en déduire au moyen d'une seule photographie les éléments nécessaires à une trangulation, en opérant exactement comme il a été dit dans le Paragraphe précédent.

FIN DE LA PREMIÈRE PARTIE.

TABLE DES MATIÈRES.

CHAPITRE III.

Détermination du foyer des objectifs photographiques. — Réductions et agrandissements à une échelle donnée.

CHAPITRE IV.

Détermination de la grandeur des objets d'après leurs dimensions apparentes sur la glace dépolie.

CHAPITRE V.

La perspective photographique.
Son application à la détermination des formes réelles et des dimensions des monuments.

CHAPITRE VI

Levers photo-topographiques
Triangulation photographique avec une seule
photographie. Mesure de grandes bases.

FIN DE LA TABLE DES MATIÈRES DE LA PREMIÈRE PARTIE.

Paris. — Imp. Gauthier-Villars et fils, 55, quai des Grands-Augustins.

LES
LEVERS PHOTOGRAPHIQUES

ET LA

PHOTOGRAPHIE EN VOYAGE.

DERNIÈRES PUBLICATIONS DU Dr GUSTAVE LE BON.

Recherches anatomiques et mathématiques sur les lois des variations du volume du crâne (Mémoire couronné par l'Académie des Sciences et par la *Société d'Anthropologie de Paris*). In-8.

La méthode graphique et les appareils enregistreurs, contenant la description de nouveaux instruments. 1 vol. in-8, avec 63 figures dessinées au laboratoire de l'auteur.

De Moscou aux monts Tatras. Étude sur la transformation d'une race, avec une carte et un panorama dressés par l'auteur (publié par la *Société géographique de Paris*).

Voyage au Népal, avec nombreuses illustrations, d'après les photographies et dessins de l'auteur (publié par le *Tour du Monde*).

La civilisation des Arabes, grand in-4° illustré de 366 gravures, 4 cartes et 11 planches en couleur, d'après les photographies et aquarelles de l'auteur.

Les civilisations de l'Inde, grand in-4° illustré de 350 photogravures, 2 cartes et 7 planches en couleur, d'après les photographies, dessins et aquarelles de l'auteur.

Les premières civilisations de l'Orient (Égypte, Assyrie, Judée, etc.). Grand in-4° illustré de 430 gravures, 2 cartes et 9 photographies.

LES
LEVERS PHOTOGRAPHIQUES

ET LA

PHOTOGRAPHIE EN VOYAGE.

SECONDE PARTIE

OPÉRATIONS COMPLÉMENTAIRES DES LEVERS PHOTOGRAPHIQUES.

DESCRIPTION DE NOUVEAUX INSTRUMENTS. — MÉTHODES SIMPLIFIÉES
DE LEVERS DE MONUMENTS.
CONSTRUCTION DE LA CARTE DES RÉGIONS ENTOURANT LES MONUMENTS.
LEVERS D'ITINÉRAIRES. — TOPOGRAPHIE PRATIQUE.
TECHNIQUE PHOTOGRAPHIQUE. — PHOTOGRAPHIE INSTANTANÉE.

Par le Dr GUSTAVE LE BON,

Chargé par le ministère de l'Instruction publique d'une mission archéologique
dans l'Inde,
Officier de la Légion d'honneur, etc.

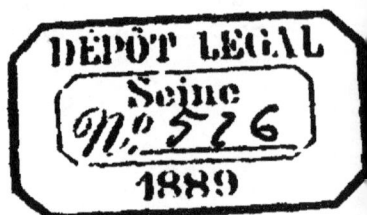

PARIS,

GAUTHIER-VILLARS ET FILS, IMPRIMEURS-LIBRAIRES

ÉDITEURS DE LA BIBLIOTHÈQUE PHOTOGRAPHIQUE

Quai des Grands-Augustins, 55.

1889

LES
LEVERS PHOTOGRAPHIQUES
ET LA
PHOTOGRAPHIE EN VOYAGE.

SECONDE PARTIE.

OPÉRATIONS COMPLÉMENTAIRES DES LEVERS PHOTOGRAPHIQUES.

INTRODUCTION.

Nous avons posé comme principe, dans la première Partie de cet Ouvrage, que la Photographie ne devait servir comme élément de mensuration que lorsqu'en même temps elle donnait des images intéressantes à un autre point de vue, et qu'une photographie, dont on ne pourrait déduire autre chose que des mesures, pourrait être remplacée avantageusement par des opérations plus simples. Si, par exemple, on se trouve en face d'un temple dont la façade seule présente un caractère architectural intéressant, alors que sa façade latérale est constituée par un mur dépourvu de toute ornementation, il n'y a évidemment aucun intérêt à photographier autre chose que la façade. Au lieu de perdre son temps et ses plaques à photographier les parties latérales, on se bornera à opérer sur ces dernières quelques mesures. Le voyageur a donc tout intérêt à compléter par des moyens convenables les indications fournies par la

Photographie, et à réserver cette dernière aux choses indispensables. Il y a d'autant plus d'intérêt que les mêmes méthodes lui permettront, ce qui peut être fort utile, de dresser le plan du terrain environnant le monument à reproduire, de tracer un itinéraire reliant une région connue à une région inconnue, etc. En ce qui concerne ce dernier point, j'ai eu plusieurs fois dans l'Inde à reconnaître combien de tels itinéraires m'auraient été utiles pour trouver le chemin menant à telles ou telles ruines décrites dans divers Mémoires et dont les cartes n'indiquaient que très insuffisamment la position.

Le lecteur voit dès à présent le but de la seconde Partie de cet Ouvrage. Il y trouvera l'indication de nouveaux instruments fort simples, et de méthodes également très simples pour la solution des divers cas qui peuvent se présenter. Les instruments sont peu nombreux, et surtout peu volumineux, puisque leur collection complète ne dépasse guère le volume d'un livre in-8. Chacun répond à un but différent, suivant les cas qui peuvent se présenter. La situation d'un voyageur gêné par le temps, ou encore opérant à la hâte au milieu d'une foule et obligé de cacher ses opérations, est tout à fait différente de celle de l'observateur qui peut lever un plan à son aise. A ces cas différents, qui peuvent se présenter dans le même voyage, répondent nécessairement des instruments et des méthodes différentes.

Bien que n'ayant nullement eu l'intention d'écrire un Ouvrage de Photographie proprement dite, j'ai cru utile de terminer cette seconde Partie par des Chapitres aussi pratiques que possible sur la Photographie instantanée, fort utile aux voyageurs, et sur la Technique photographique.

CHAPITRE I.

DESCRIPTION DES INSTRUMENTS NÉCESSAIRES POUR LES OPÉRATIONS COMPLÉMENTAIRES DE LA PHOTOGRAPHIE.

Description des instruments. — Quart de cercle à niveau. — Boussole écli-mètre à prisme. — Boussole-breloque. — Télestéréomètre. — Niveau de poche boussole. — Roulette métrique et canne métrique.

Quart de cercle à niveau. — Cet instrument (*fig.* 38), construit sur mes dessins par M. Molteni (¹), est un quart de cercle ayant 0ᵐ,15 de rayon. Il se monte sur les parois de la boîte qui le contient et qui peut être fixée elle-même soit horizontalement, soit verticalement, sur le pied de l'appareil photographique (²), au moyen de la vis qui surmonte ce pied.

Les divisions du quart de cercle sont en quarts de degré. Il porte, intimement soudé le long de la branche supérieure, un niveau à bulle d'air presque invisible sur le dessin.

L'instrument est fixé sur la boîte dans laquelle il est ordinairement enfermé, par deux écrous. L'un d'eux sert, au moyen du niveau à bulle d'air que je viens de mentionner, à mettre parfaitement horizontal l'un des côtés du quart de cercle.

_____

(¹) M. Labre en a construit également un du même modèle sur la demande d'un ingénieur de ses clients.

(²) Les personnes qui voudraient utiliser cet instrument pour la Topographie sans faire de la Photographie, trouveront chez Molteni des pieds à peine plus lourds qu'une canne et cependant très stables au prix de 7ᶠʳ.

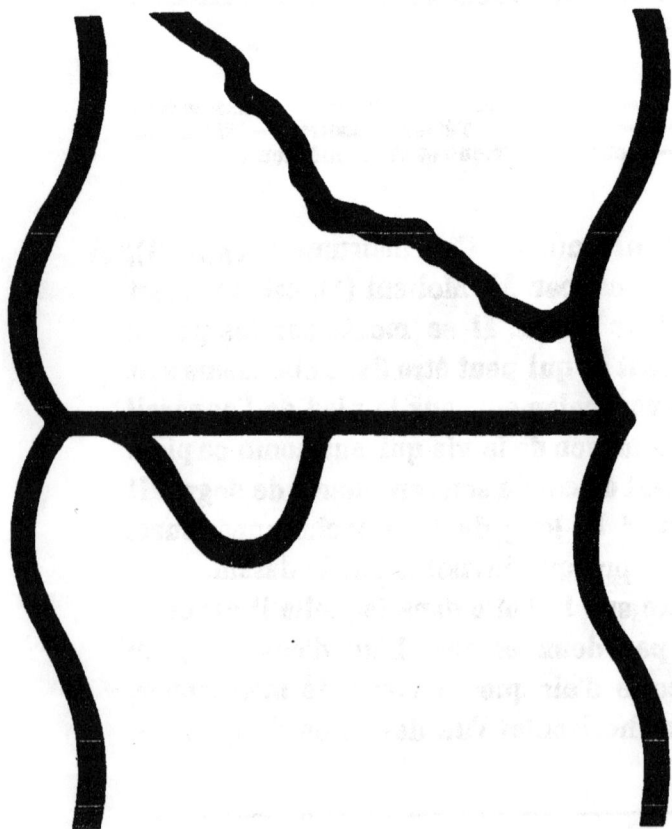

Texte détérioré — reliure défectueuse

www.ingramcontent.com/pod-product-compliance
Lightning Source LLC
Chambersburg PA
CBHW062008200326
41519CB00017B/4722